NAKED FASHION

―ファッションで世界を変える―

おしゃれなエコのハローワーク

NAKED FASHION

ーファッションで世界を変えるー

おしゃれなエコのハローワーク

2012年10月1日　初版第一刷発行

著者／発行者　サフィア・ミニー　（ピープル・ツリー／グローバル・ヴィレッジ代表）

発行元　フェアトレードカンパニー株式会社

〒158-0083　東京都世田谷区奥沢5-1-16-3F

TEL 03-5731-6671

www.peopletree.co.jp

発売　サンクチュアリ出版

〒151-0051　東京都渋谷区千駄ヶ谷2-38-1

TEL 03-5775-5192　FAX 03-5775-5193

印刷・製本　三松堂印刷株式会社

クリエイティブ・ディレクター　サフィア・ミニー

翻訳　小野倫子、寺島彩子

編集　小野倫子、胤森なお子、山崎弘子

デザイン　イアン・ニクソン、井上陽子

協力　田中理帆、岡崎千尋、中川ミナ、BELLONA、étrenne

セーラ・トリー、ジェームズ・ミニー、ケイティー・ジャーマン、須長千夏

Author acknowledgements

Many thanks to our friends at New Internationalist – Dan Raymond-Barker, Ian Nixon, Chris Brazier and Fran Harvey, to all of those who kindly contributed to this book, the People Tree team and everyone who is helping to change lives by choosing Fair Trade.

Special thanks to Andreas Pohancenik and Miki Alcalde who inspired me to write this book. Also to Phil King, Alex Nicholls, Roger Perowne, Stuart Raistrick, David Riddiford, Jane Shepherdson, Rowena Young, Kees van den Burg, Oikocredit, Shared Interest and Root Capital.

PRINTED WITH SOY INK　Trademark of American Soybean Association

本文・表紙・カバー・帯

Waterless Printing. Naturally.

本文・表紙・カバー・帯

R70　古紙パルプ配合率70％再生紙を使用

本文用紙・表紙

序文

2000年を越えて、ファッションは大きくカーブをきることとなった。大量生産のハイウエイを滑走する流れから、ときに立ち止まり、よりスローに、手作りを見直すものづくりへ。トレンド一辺倒から、多様化するスタイル主義へ。デザイナーが主役の時代から、消費者が主役の時代へ。プロセスの見えない生産体制から、トレーサビリティ、サステナビリティを問う時代へ。いまやファッションの美しさは、表面だけでなく、内面の美しさを問う時代へとシフトしはじめている。誰かの犠牲の上に成り立つファッションではなく、関わる皆がWIN-WINになるファッション。倫理的に、道徳的に正しいという意味で「エシカル・ファッション」という言葉が登場したのも、21世紀に入ってからだ。2004年から、パリでエシカル・ファッションショーが始まり、ロンドンでは展示会「エステティカ」が開催されている。日本でもいま、エシカルの大波がやってきている。

ブランド「ピープル・ツリー」は、エシカル&フェアトレード・ファッションの動きを予言するかのように1991年に東京で誕生した。いまだフェアトレードという言葉が耳なじみのない頃から、創設者であるサフィア・ミニーは、途上国を訪ね、フェアトレードのグループのスキルアップを支援し、現地の女性たちと会話を続け、粘り強く働きかけ、おしゃれなものづくりを展開し続け、今に至っている。まさしくカーブをきるファッションの流れの先頭に立ち、エシカル・ファッションを実践してきた覇者であるサフィア・ミニーが、その哲学の集大成として編集したのが、本書だ。

女優のエマ・ワトソンがバングラデシュの農村にフェアトレード団体を訪ね、エシカルに目覚めたアーティストがネパールの生産者と商品開発をする。彼らのレポートを読んで発見する多くのこと。それは、私たちの意識を、社会、世界、地球と、視野を広げてくれ、地球環境への影響、児童労働の問題、労働条件の問題など、ファッションの背景に光を当てる。気付きは人に幸せを与えると言われるが、この本はまさに、気付きのレポートの数々 — 私たちを幸せに導くメッセージなのだ。

日本はもともと、「エコロジカル」で「エシカル」な国である。自然と共生し、八百万の神という発想を持つこの国では、文化は自然の営みの中から育まれ、洗練を重ねてきた。着物の文化や伝統工芸品は、オーガニックな素材を用いて、エシカルでスローな技法で生み出されてきている。エコやエシカルが日常に溶け込んでいるがゆえに、特別に新しいこと、必要なこととしては広まりにくい、という傾向があった。とはいえ今、とりわけ3.11の東日本大震災のあと、日本でも新たな形で、エシカル・ファッションの波は広まりつつある。10代、20代の若者にとって、エシカル・ファッションは、未来を語るうえで必然的な存在だ。地球の環境に配慮する。人権に配慮する。途上国支援をする。これらの視線は、世界がより平和に、幸せになるうえで、欠かせない要素だからだ。だからこそ、エシカル・ファッションは、トレンドではなく、哲学として語られることがふさわしい。

デパートの売り場で繰り返し、フェアトレードやオーガニックの催しが組まれ、「買い物で世界を変える!」という考えが、広まりつつある。いまや「エシカル」は一つの必要なスタイルとして、気軽に語られ始めている。おしゃれなエシカル、クールなエシカル — サフィア・ミニーが火をつけた新時代のスタイルが、いまや定番ともなりつつある。そして、もう一点、エシカルな職業は、圧倒的に憧れの職業として支持を得つつある。だからこそ“ハローワーク”。この一冊には、エシカルに関わる魅力的な人生を築く先駆者たちの経験が、ぎっしりとつまっている。未来型の仕事、生き方から、心と人生にたっぷりとインスピレーションを浴びていただきたい。

2012年8月、東京にて
生駒芳子

NAKED FASHION
CONTENTS

はじめに

クリエイティビティ、思いやりの気持ち、消費行動は、すべてがいっしょに前進しなくてはなりません。私は18歳のときに広告業界で仕事をし、業界でももっとも有能なクリエイティブたちが、ロンドンの最高級ホテルやカンヌで賞を総ざらいするのを目の当たりにしました。金色の光を浴び、シャンペンが惜しみなく注がれ、美しい人たちに囲まれて。しかしひとたびそこを離れてランチに出かけると、彼らは、誰も必要としない、環境を汚す製品のために広告をつくることがどれだけ居心地が悪いか、打ち明けてくれるのです。彼らは言いました。私たちのエネルギーを、人権、貧困、環境破壊の問題への意識を高め、解決策を見つけることに使えないか？　社会の共生、より責任ある消費、よりサステナブルなライフスタイルを呼びかけるのはどうか？　デザイン、クリエイティビティ、メディアの力を、世界を変えるために使うことができたら？

競争社会や、仕事上で「いったい何のために？」という疑問のただ中にある人の多くが、旅に出たり自然のなかで一人で時間を過ごすことで、娯楽にどっぷり浸かった生活習慣から離れ、自身をリセットしてきました。新鮮な空気を吸いましょう。私たちほどの消費活動がなくても、とてもうまく機能している世界の国々に目を向けてみましょう。従来の経済や消費が、土地や自然資源を農家や漁師から奪い、そのすべてを一握りの企業家や投資家、彼らの抱える軍隊ー私たちの地球や正気を犠牲にしてまで消費を魅力的に見せようとする広告エージェントやクリエイティブ、マーケティングエージェントーのところに集中させているのを直視しましょう。1950年代に欧米で起こったことが、今まさにインドで起こっています。村で暮らす女性たちがファッションや美容製品の大きな看板に魅せられ、一袋1ルピーのシャンプーを買うのです。

この本では、ひとつの産業であり、大衆文化のツールでもあるファッションがどう変わりつつあるかをご紹介します。バングラデシュの農村から、ロンドンやメルボルンで「アップサイクリング」を行うアトリエ、そして東京やニューヨーク、パリのブランドや、サステナブル・ファッションのパイオニアたち、クリエイティブや消費者までもが、つくる人を搾取しないファッション業界を求めています。地球環境を維持し、真のロールモデルに倣い、「ボディ・ファシズム」によって私たちの不安をあおり搾取することがない業界を。

世界は、グローバルなファッションブランドのイメージに魅了されています。この本が、あなたを刺激し、変化の一部となってくれることを願っています。

サフィア・ミニー

2012年8月　東京とロンドンにて

MIKI ALCALDE

SAFIA MINNEY

CHAPTER 1

ファッションの裏側

Fashion: The Un-Glam Side

バングラデシュのダッカのスラムにある、衣料品工場労働者の住まい。

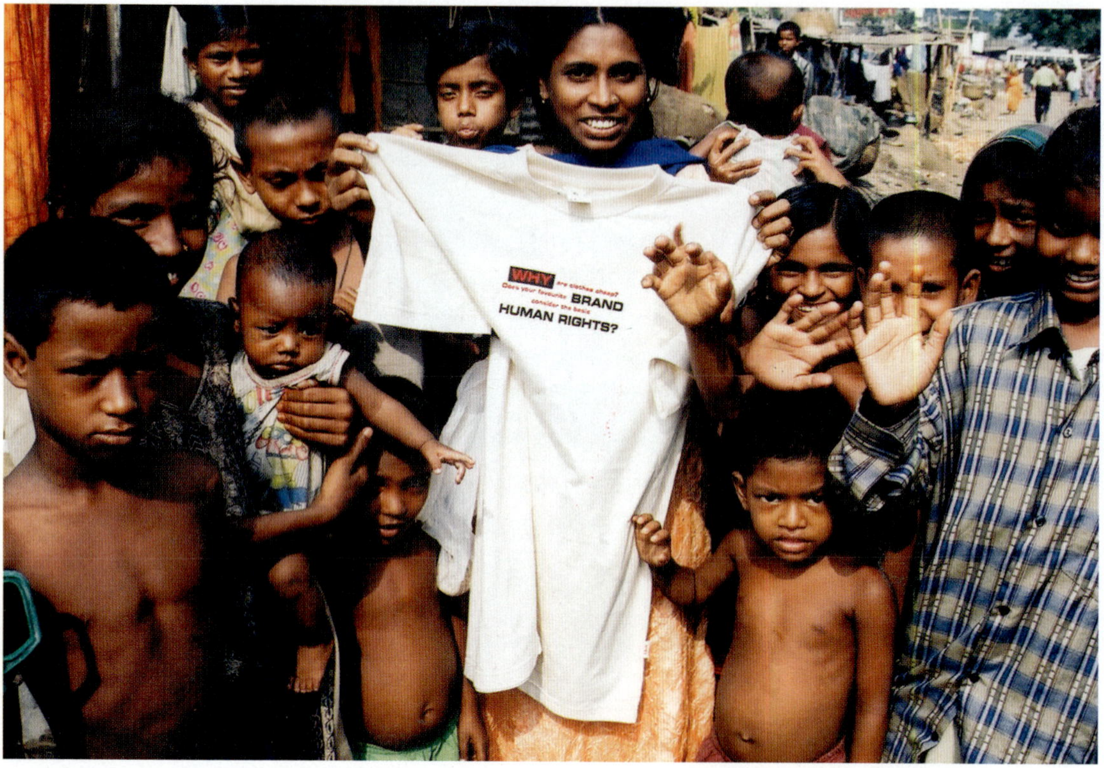

SAFIA MINNEY

ピープル・ツリーとその母体NGOであるグローバル・ヴィレッジは、1996年よりNGWF(バングラデシュ衣料品産業労働者組合連合) に対する事務局運営、デモの運営、必要な資材確保のための資金援助を通じて、衣料品工場労働者の権利を守るための支援を行っています。

あなたが買う服がそんなに安いのはなぜ？
あなたのお気に入りブランドは、
働く人の基本的人権を守っていますか？

FREEDOM of association 組合結成の自由

RIGHT to collective bargaining 団体交渉の権利

NO forced labour 強制労働の禁止

NO child labour 児童労働の禁止

NO discrimination 差別の禁止

Maximum **HOURS** of work 労働時間の規定

HEALTH and **SAFETY** 安全と衛生の確保

A LIVING WAGE 最低賃金の保証

SECURITY of employment 安定した雇用の保証

GLOBAL VILLAGE　People Tree

ファッションの真のコスト：人

**サフィア・ミニーが最初に飛び込んだのは広告業界。
しかしすぐに、彼女は美しい広告写真の裏にあるものを見ることになった。
スウェットショップ、スラム、児童労働。**

私たちが買う服の値段に、その服の本当の社会的・環境的コストが含まれていることはまれです。その理由はこうです。多くの途上国で、服飾産業は工業化、そしていわゆる発展への足がかりとなっており、収入の重要な部分を占めています。バングラデシュでは、衣料品輸出がGDPの70%を占め、300万人以上の労働者に雇用を生み出しています。その多くが女性です。衣料品産業は低所得の国々に格好の機会をもたらします。工場を設置するコストが比較的安いのと、爆発的に増加する人口が、半熟練労働者として働く人材を供給し続けるからです。世界一の衣料品工場となるために、途上国間の競争が起こります。これが賃金、健康、安全、雇用の保障の面での「底辺への競争」と呼ばれるものです。

私は出張にビジネスクラスを使うことはほとんどないのですが、1990年代半ばにビジネスに乗ったとき、機内誌の広告に「ローザの時給は50セント。今は30セントに」と自慢げに書かれているのを見ました。ローザはホンジュラスの縫製工場で働く労働者で、当時、彼女の時給が下がったのです。その広告は、労働者の賃金が安いことをアピールしてこの工場に衣料品の発注を出すよう勧めるものでした。そこでは、彼女やその同僚が私の服を縫うために待機しており、労働組合が介入することはないのです。バングラデシュでも同じようなことが起きています。毎年7%のインフレがあるにもかかわらず、労働コストは据え置きです。バングラデシュの最低賃金は2010年11月にようやく月額3,000タカ(約2,900円)に引き上げられましたが、その前の10年間はずっと1,660タカ(約1,600円)でした。

生活の糧を求めて

2010年、都市で住む人の数が、郊外に住む人の数を初めて抜きました。単に富や投資、仕事の機会が集中したからではなく、世界の人口が過去30年に45億人から66億人に増えたからでもありません。もっとたちの悪い、体制上の問題です。過去30年の間に、自給自足や農業で生計を立てることは困難になりました。政府は国営企業や多国籍企業の助言を受けて、大規模集中型農園が有利になるよう制度を変更しているのです。コミュニティが共有する土地や森の私有化も、多くの家族から生きるすべを奪いました。バングラデシュでは、モドゥプール・フォレストをはじめとする森林地の面積が、たった30年の間に元の10%ほどにまで縮小してしまいました。その結果、何十万人もの人が住む場所を終われ、貧困に追い込まれたのです。

農産物の価格が過去最低レベルになり、農家は生産コストの元を取ろうともがいています。一方で多国籍企業やアグリビジネスはますます思惑のままに事態をコントロールしています。かつては十分な生活の糧を得ることができた仕事が、今では経済的に先行きが見えなくなり、気候変動が農民をますます追いこんでいます。そんな状況では、インドで過去17年間に27万人もの農民が自殺し、仕事と希望を求める人びとが農村から都市へなだれこんでいるのも、さほど不思議ではありません。

農村の貧困、低所得、政策、貿易が貧しい者をさらに弱くする

サロワカミーズ(インドやバングラデシュの女性の普段着)に身を包み、ロンドンからやってきたファッション雑貨のバイヤーになりすました私は、案内役とともにオールド・デリーの赤線地区ラルパッティの作業所を訪ねます。オーナーたちは私から発注をもらえるのではないかと期待して

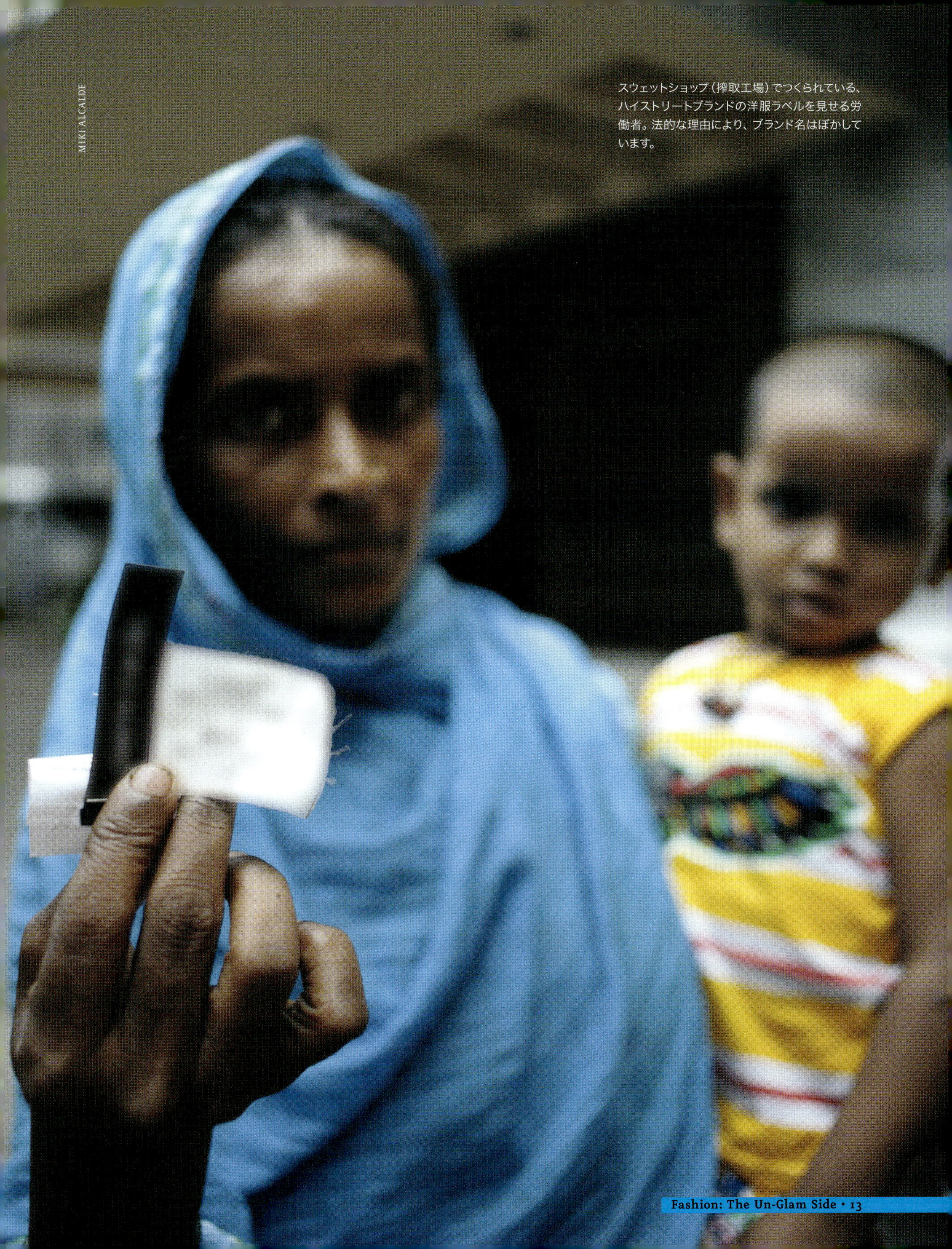

MIKI ALCALDE

スウェットショップ（搾取工場）でつくられている、ハイストリートブランドの洋服ラベルを見せる労働者。法的な理由により、ブランド名はぼかしています。

います。5～6平方メートルの小さな部屋は、細く曲がりくねった通路と勾配が急な吹き抜けの階段でできた迷宮の奥にあります。このような部屋に暮らし、きらきらしたビーズのアクセサリーをつくるために毎日14時間働いている8～16歳の子どもたちが10万人以上います。食事をするのも眠るのも同じ部屋です。この子どもたちはインド北東部のビハール州やパキスタンとの国境付近のパンジャブ出身。ネパールから来た子たちもいます。みんな礼儀正しく、よくしつけられ、大人びています。多くの子どもはブローカーに連れられてきました。農村をまわり貧困にあえぐ家族を見つけ、息子たちにいい仕事があると約束し、別れのつらさを和らげるために現金を渡すのです。

ラシッドは8歳、農村部の手織りがさかんな、イスラムのコミュニティ出身です。彼のお父さんは機械織りの登場で仕事を失いました。お父さんの仕事の機会はほとんどなく、ラシッドはデリーに送られました。イギリスやアメリカのハイストリート向けに安いアクセサリーをつくる20人の男の子たちの多くと同じように、彼は月給のほとんどを実家に仕送りしていますが、「生活費と食費が差し引かれた」後には10ドルほどにしかなりません。でも今日は、彼は熱があり仕事ができず、部屋の端に横になっています。彼のまわりでは仲間たちが低いベンチ椅子に足を組んで座り仕事をしています。この光景は、デリーで児童労働の実態を見た辛い思い出となりました。ラシッドは私の息子と同い年で、私の弟と同じ名前です。たまたま生まれた場所が違うだけです。

児童労働の原因は、大人の貧困です。子どもの賃金は、大人に比べて半分から3分の1ほど。経済的な困難により家族が無理やり引き離され、子どもが安い賃金で働かされると、その分衣料品工場やアクセサリーの作業所での大人の仕事が減り、底辺へのスパイラルが続くのです。

変化は人びとから起こっている

フェアトレードのムーブメント、NGO、労働組合は長い間政府や国際的なビジネスコミュニティに対し、ミレニアム開発目標を達成し貧困削減に努めるうよう求めてきました。政府は企業に責任を取らせることは難しいと感じています。

しかし少しずつ、企業の説明責任や透明性、貿易の慣習の改善を推進するイニシアチブをとる政府も出てきました。消費者がお気に入りのブランドにビジネスの仕方を改善するよう要求し、企業に行動規範をつくるよう圧力をかけはじめており、少なくともいくつかの企業は製品の買い付けや販売の方法を変えています。ラシッドのような子どもたちがウサギ小屋でアクセサリーをつくらなくてよくなるよう、私たちは企業への圧力をかけ続けなくてはなりません。

MIKI ALCALDE

休みの日に子どもの宿題を手伝う、
スラムに住む衣料品工場労働者。

あなたがもう少しお金を払ってくれれば、私たちの暮らしも少しよくなるのに

イギリスの著名なファッション評論家でリアリティ・ジャーナリズムの女王、リズ・ジョーンズが、サフィア・ミニーとともにバングラデシュで見たのは、キャットウォークやブランドのハンドバッグの華やかさからは程遠い世界。彼女が新聞に書いた記事は大きな反響を呼んだ。リズが語る、ダッカのスラムへの旅。

私は地獄のふちに立っていました。バングラデシュの首都ダッカの北にある、国内でも最大規模のスラムのひとつ、クニ・パラ・スラムの一角を訪ねたときのことです。感情の波がやってきて、私の限界を超えました。おしゃべりをしている人は誰もおらず、笑顔を見せる人もいません。朝7時になると、主に女性の労働者たちが、ここから町中に散在する衣料品工場へ仕事に向かいます。私の目の前には下水とごみの海があり、そこに立てられた3本の竹の骨組みの上には、トタン板でできたウサギ小屋同然の小さな部屋があります。気温はすでに40度近く。強烈な匂いに圧倒されます。霧雨が降り、竹の足元は滑りやすく、一歩踏み外せば悪臭のする水たまりにまっさかさまでしょう。ロンドンのバーゲンで数ポンドで買ったサンダルを履いてきてよかった。ホテルに戻ったら捨ててしまえばいい。できるだけ目立たないように、サロワカミーズを着ています。通り過ぎる女性の手をつかみ、暗闇に入ります。

狭い廊下を手探りで進みます。スズの壁には水が流れ出ており、私の頭上には絡まった電気ケーブルがあります。つい先月、ここからそう遠くないところで火事があり100人以上が亡くなりました。案内役が笑いながら「トイレ」と説明する場所にきます。そこにあるのは冷たい水の出るポンプ。これを100人が使います。案内役に、児童労働者に会いたいと伝えると、「すぐに見つけられますよ」との答え。そして私を、細い板切れでできた壊れそうなはしごを上って、悪臭のする場所へ連れて行きました。ここでドリーに出会いました。

ドリーは14歳。レンガに乗った木の台(ベッドと呼ぶには程遠い)に足を組んで座っています。私も一緒に座ろうとすると、壊れてしまいました。12時間のシフトを終えたばかりで、すごく眠いだろうに、彼女は口を押さえながら笑い、私が座れるようにビニールシートを整えてくれました。

彼女の仕事について尋ねました。「刺繍をしています」と得意げに答えます。特に若い人たちは、視力のよさと細い指先が買われています。休日や友達と過ごす時間はあるのか、と問うと彼女は私の頭がおかしいと言わんばかりの顔で見つめます。「週7日働きます。休日はありません」。解雇されることを恐れて、どの工場で働いているのかは教えてくれませんでしたが、賃金については教えてくれました。残業代も含まれた月給は2,800タカ。バングラデシュの2010年の最低賃金は月給1,662タカ、1日あたりにすると米ドルで約80セント。

野望は?「いつか縫製の仕事がしたいです」。幸せですか?　彼女の大きな目がきょろきょろ動き、混乱しているのがわかります。明らかに、幸せという概念がないのです。私が彼女を抱きしめると、スズメのようにか細いのがわかりました。「体重が減り続けているので、母が心配しています」と彼女は言います。「お米を食べますが、母が見ていないときにエビは赤ちゃんにあげてしまいます」。ドリーのお母さん、ハシに会いました。35歳の彼女は、衣料品工場で働くには年を取りすぎていると言われたそうです。16歳が理想の年なのです。若い女の子なら

上：サフィア・ミニーとともに衣料品工場労働者に会いに行ったリズ・ジョーンズ。（右）
右：スラムを案内されるリズ。
左：自宅で物思いにふける若い衣料品工場労働者。

PHOTOS MIKI ALCALDE

MIKI ALCALDE

従順だし、照明の悪い部屋で近くを見つめる仕事で視力が悪くなっていないので。キャットウォークの上の女性と、この竹でできた劣悪な廊下を歩く女性の理想の年齢がほぼ同じなのは、興味深いと思いませんか？ファッション業界の一番上に位置する女性たちは、自らの選択でやせています。ここの女性たちは、単に十分食べられていないのです。お米の値段も、キロあたり20タカから35タカに高騰しました。

私はこれまでの仕事で、多くのファッションブランド経営者たちに会ってきました。CEOたちは繰り返し言います。自分のブランドの服を作っている人たちのことはきちんと面倒を見ていると。私はいつも同じ、答えにくい質問を投げかけます。どこかで、誰かがひどい目に遭っているのではないですか？　返ってくる答えはいつもいっしょです。大量に発注するから、スケールメリットで非常に効率がいいのです。そして必ず、最新の技術を使った自社ウェブサイトの、「倫理基準」のページを読むよう言われるのです。そこには太陽光の射す工場でにっこりと笑う、褐色の肌をした女性たちの写真がたくさん載っています。このブランドがうそをついているわけはないですよね？　そして私は、犠牲になっている人がいるのではないかと思い、ダッカまでやってきたわけです。そして驚くほど簡単に、搾取されている人たちが見つかりました。

ハシの隣人、ジャスミンは26歳。縫製担当、かろうじて産休と呼べる程度のお休みを取っています。出産当日まで働き、今は無給です。真ん中の子どもを、一番上の子どもが住む祖父母の村にもうじき送ろうとしているところでした。これからどれくらいの頻度で会えるの？　「年に2～3回」。絶望を感じることはある？「もう慣れています。絶望を感じていても、仕方ないですから」。一番自慢のものは？「あまりたいしたものは持っていません」。

NGWF(バングラデシュ衣料品産業労働者組合連合)の小さな事務所までタクシーに乗っていきます。バングラデシュでは300万人が衣料品工場で働いています。そのうち85%は女性です。この惨状に耐え切れなくなった労働者に会うためです。まず会ったのはシャルティ・アクタ。彼女は25歳、「アクロポリー」という工場で働いていました。新しい工場でしたが、まだ5ヶ月しか稼動していなかったにもかかわらず、6月に労働者がストを起こしたときに閉鎖されました。イギリスのどのファッションブランドの仕事をしていたのか彼女に聞くと、ブランドのラベルを目の前にかざしました。太い棒や野球のバットをかざし、工場から出ていく労働者を一人ずつボディーチェックする警備員、別名「筋肉マン」の目を盗んで工場から持ち出したものでした。

私が最後に会ったのはコデザ・ベグム、孫がいる40歳の女性ですが、20歳は年取って見えます。「ニューエイジ」という工場で16年働いたと言います。3ヶ月前、足にひどいやけどを負ったために15日間仕事にいけませんでした。服にアイロンをかける仕事をしていたのです。月給は2,700タカ、5人の人たちとひとつの部屋を共有しています。彼女が職場に戻ると、解雇を言い渡されました。「いつもだったら、這ってでも仕事に行くのに。でも痛みのせいで、這うこともできなかったんです。16年間も、毎日12時間働いて、なにも残っていません。年取った牝牛のように、のどをかき切られるようなものです。」
バングラデシュ産の洋服のボイコットを呼びかけているわけではありません。そんなことをすれば、何百万もの人に死刑宣告をしているようなものです。イギリスで販売を行うすべてのファッションブランドが、現地労働者に月給5,000タカ以上支払うことを徹底させて欲しいのです。最低賃金が本当に5,000タカに上がったらどうなるか？　たとえばイギリスのハイストリートで20ポンド(2,500円)で売られているジーンズなら、値段が80ペンス(100円)ほど上昇するでしょう。80ペンス！　シャルティに、欧米の消費者にメッセージがあるか聞きました。「私たちが住むところを見に来てください。もしあなたがもう少しお金を払ってくれれば、私たちの暮らしも少しよくなるでしょう」。

リズ・ジョーンズはイギリスの新聞、「Daily Mail」のファッションエディター。この記事は2010年7月、「Daily Mail」に掲載されました。

ファッションが地球におよぼす影響

ファッションが引き起こす環境破壊と
これからのビジョンについて、
サフィア・ミニーが語る。

私たちにとって、従来のコットンではなく、オーガニックコットンで作られたTシャツやドレスを選ぶことはささいなことかもしれません。しかし、連鎖でつながったその先には大きな変化をもたらすことができます。

ファッションの環境への負荷は、私たち皆が考えなくてはいけない問題です。現在のファッションのあり方は、環境への負荷が大きすぎ、持続不可能であることは明らかです。そのことは、実際の数値が物語っています。例えば、イギリスの衣料品・繊維産業だけでも年間310万トンの CO_2、200万トンの廃棄物、7,000万トンの廃水を出しており、150万トンもの衣服が埋め立てられています。これは一人当たり年間平均30キロもの衣料品を廃棄していることになります。
私たちは、より「付加価値」の高いファッションを厳選し、長く着るべきです。それは農家だけでなく、衣料品ができるまでの工程にかかわる多くの職人たちのためにもなることです。

フェアトレードは大きな変化をもたらす事ができます。フェアトレードは、長期的な視野に立ち、生産者とパートナーとして仕事をすることで、コミュニティが環境活動に「投資」したり、活動を多様化できるよう支援します。そこから分かるのは、農家はわずかでも機会を与えられれば、環境を守ろうとするということです。自然環境に頼って生活する人たちが、なぜ自ら環境を破壊しようと思うのでしょう？　彼らが環境を破壊するのは、低価格や不平等な取引条件、どうやって子どもに食べさせたらいいのかわからないという不安から、そうするほか選択肢がないからです。

フェアトレードや社会企業、新経済システムは、環境を守りながら貧しいひとたちの自立を支援できるということを、ほかに先立って示しています。

農薬や化学肥料をなるべく使わない農法、オーガニック栽培へ移行中の農家やオーガニック農家を支援することも不可欠です。最も広く使わている人工繊維、ポリエステルは石油を原料としています。ポリエステルをはじめとする化学繊維の製造には多くのエネルギーが必要で、膨大な量の原油が使われ、製造の過程で何百万トンもの CO_2が排出されます。また、石油の供給量が減少するなか、一刻も早く、現在の石油に頼った農法に代わる方法を見つける必要があります。オーガニック栽培では、1エーカーあたり年間 1.5 トンの CO_2 を大気中から吸収します。

水も、ファッション産業が貴重な資源を浪費している一例です。水不足が地球温暖化と同じくらい深刻になりつつある今、これは大きな問題です。従来の農法で栽培されたコットンは、成長にもっとも大量の水を必要とする植物のひとつで、普通のコットン Tシャツ1枚を生産するのに2,000リットル以上の水が必要になります。一方、インドのグジャラート州にあるオーガニックのフェアトレードコットン栽培の現場では、細い管を使った灌漑に投資する農家を支援することで、水の使用量を60%も削減することができました。

従来のコットン産業は、農家と環境に破滅的な影響を与えます。多量の農薬の使用は、生物多様性にダメージを与え、生態系を破壊する上、水資源を汚染します。もっと

Fair Trade and ecology

Each new fashion trend leaves a new chemical legacy

グローバル・ヴィレッジ／ピープル・ツリー主催の
エコメッセージ＆デザインコンペの優勝作品（中川ミナ）

悪いことに、化学農薬にさらされた害虫は耐性を持つようになるため、農家は毎年より多くの農薬を買い、使わない限り、同じだけのコットンの収量を得ることができなくなります。毎年、環境へのダメージが大きくなるばかりでなく、農家が収穫から得る利益も減り続けます。

農薬は農家とその家族にも害を与えます。コットン栽培に使われる化学物質の多くには、急性毒性があるのです。世界中で使われているすべての化学農薬のうち約10%、そしてすべての殺虫剤の約22%がコットン栽培のために撒かれています。通常のコットン農家は、市場に出回っているもっとも危険な農薬の多くを使っています。こういった農薬の多くが、もともとは第二次世界大戦中に有毒な神経ガスとして開発された、有機リン酸エステル系のものです。コットンに使われる農薬のうち少なくとも3種類が、あまりにも危険なため2001年にUNEP(国連環境計画）の会議で120カ国が使用禁止に合意した、「最も危険な12の農薬」と呼ばれる農薬に数えられています。しかしこれまでのところ使用は禁止されていません。

WHO(世界保健機構）は、毎年300万人が農薬中毒にかかっており、被害のほとんどが途上国で起きていると推定しています。農薬が環境に漏れ出すと、コミュニティ全体で慢性中毒が起こることがあります。慢性中毒の症状は、腕や脚、足、手のしびれや脱力感、倦怠感、不安感、記憶の喪失や集中力の低下などがあります。若い女性は特に影響を受けやすく、農薬に接することで、生殖機能が影響を受け、不妊や自然流産を引き起こすことがあります。

これらすべてを見たとき、オーガニックコットンを育てる小規模農家への支援は、どんなものであれ、大切だということがわかります。オーガニックコットンとの輪作で育てられるレンズ豆やバナナは、多くの場合、農家の家族の食材となり、あまったものは地元で売ることができます。これは、途上国の食糧安全保障の面でもたいせつなことです。しかしインドのコットン農家は、オーガニック栽培へ移行しようとするなかで、しばしば困難に直面します。農薬を使った農法をやめ、その土地での収穫量が元のレベルに回復するまでに5年もかかるからです。政府からの大きな支援が必要です。一方、NGOやフェアトレード団体がオーガニックのプレミアム（割増金）を支払って農家を支援してきたことで、インドでも最近、大きなオーガニックのムーブメントが生まれてきています。

もし私たちが農家に今よりも高い値段を支払ってコットンを買えば、農家はより多種の作物を栽培することができ、環境を汚染する農法への依存が低くなり、環境を守ることができるでしょう。ただし、小規模農家ーそのうち99%がいわゆる「南」の国々の人々ですーへの手厚い支援があったとしても、アメリカ政府が自国の農家を保護するために多額の補助金を支払っていることによって、コットンが供給過剰となり国際価格が低迷している限り、その効果はありません。たとえば2002年、アメリカ産のコットンは生産コストよりも61%低い価格で市場に出回っていたのです。

ここからもわかるように、巨大な勢力がうごめいています。世界の人口の多くを貧しいままにしておく世界貿易のしくみは、環境を破壊するものでもあるのです。今日の経済や会計のシステムが測るのは財政的な収支のみで、社会的、環境的な収支は無視されています。現在のしくみは短期的な利益のみ追求し、環境破壊を加速し、貧富の差を広げています。

こういった大きな問題に瀕して、絶望のあまりお手上げ状態になり、自分に力がないと感じるのはたやすいことです。しかし少なくともフェアトレード・ファッションやオーガニックの素材、古着やアップサイクルされた服を支援することで、私たちは明快でポジティブなアクションを起こすことができます。

現在、世界中で売られているコットンの総量のうち、フェアトレードかつオーガニックの素材が占めるのはごくわずかです。これから変えなくてはいけないことがたくさんあります！　でもフェアトレードやオーガニックの服、古着を選ぶたびに、あなたは変化を起こしているのです。

MIKI ALCAIDE

バングラデシュの
消え行く大地。

SAFIA MINNEY

CHAPTER 2

フェアトレード：　問題解決の糸口

Fair Trade: Part of the Solution

バングラデシュにて。手で織られたばかりの布と
生成りの糸が巻かれた木製シャトル。

手織りはバングラデシュで100万人以上の織り手に職を生み出している。
ピープル・ツリー コレクションのために布を織る、クルシダ・ベグム。

商業主義を捨てたイラストレーター、
クリス・ホートンが語る
「僕のデザイン、そして人生を変えたインドへの旅」。

僕はずっとデザインが大好きでした。10歳頃から、デザイナーになりたいと決めていたんです。まったく想像もしていなかったけれど、僕のデザインのキャリアのなかで一番の転機となったのは、美術大学の学生時代に経験したインドへのバックパック旅行でした。

旅行後、故国アイルランドのダブリンに戻り、同級生の卒業制作展を見たとき、急にほとんどの作品が無駄なデザインに見えるようになりショックでした。一年前は、ぜんぜんそんな風に思わなかったのに。

そのとき、途上国で過ごしたことで人生観が変わってしまったことに気づいたのです。先進国では、デザイナーは不必要な商品や広告をつくらされ、消費者は表面的な消費社会にどっぷりつかっています。この消費主義の外には、よりよいデザインやアイデアを求めるリアルな世界が存在していることに気づいたのです。また同時に、商業主義のデザインに嫌悪感を抱き始めました。広告・メディア批評誌『アドバスターズ』やナオミ・クラインの『ブランドなんか、いらない』などを読み始め、デザインはすごく好きだけれど、消費主義の外の世界で活動したいと思い悩みました。

大学を卒業後、ダブリンに大きな会場を持つ音楽プロモーターの会社でデザイナーとして働き始めました。エキサイティングで大規模な音楽フェスティバルやイベントのためのプレス資料、ビルボードのポスターやフライヤーなど、さまざまなデザインに携わりました。音楽関連のデザインはクリエイティブで非商業的なことが多いので、一番興味のある分野のひとつでした。ただそこでも、８ヶ月も過ぎると他のデザインの仕事と同様に幻滅してしまいました。そこで会社を辞めてロンドンに引っ越し、フリーランスのイラストレーターとして活動を始めることを決意しました。

８年ほど前ピープル・ツリーに出会うまでは、洋服にもフェアトレードがあることは知りませんでした。活動について知ったときには、「すごい！　これこそまさ

クリス・ホートン
プロフィール

アイルランド出身。ロンドンを拠点に活動するイラストレーター。ピープル・ツリーに提供したデザインでタイム誌の「デザイン100」に選ばれる。絵本のデビュー作「A Bit Lost」は「ベスト・ピクチャーブック・オブ・ザ・イヤー（オランダ）」や、「ビスト・チルドレンズ・ブック・オブ・ザ・イヤー（アイルランド）」など、4カ国で7つの賞を受賞している。また、ネパールのカーペット職人たちと世界中のアーティストをつなぐプロジェクト「node」をスタート。

www.vegetablefriedrice.com
chrishaughton.com
madebynode.com

SAFIA MINNEY

ホテルやピープル・ツリー直営店の内装デザインも手がける。

に僕がやりたかったことだ。いいデザインが必要とされているのもこの分野だ！」と思いました。

イラストレーターとして、常に広告会社やマーケティングの人たちと会ったり、一緒に仕事をしたりしてきましたが、プロモーションしている多国籍企業のブランドのことを、実は皮肉に思っている人が多かったのです。美術大学の学生たちは、デザインがどうあるべきか、ピュアな考えを持っています。けれども社会に出て働きはじめると、商業的なプレッシャーや日々の義務に追われて、エキサイティングだったはずのデザインの仕事が、ごく平凡なものへと変わってしまう･･･。デザイン業界で働く人ならみんな同じような経験を持っていると思います。サフィアとピープル・ツリーのスタッフに会って話したとき、サフィアが仕事に対してすごい情熱を持っているのが印象的で、それ自体がとても新鮮に感じられました。ピープル・ツリーの社員の多くも、信念を持って働ける仕事をするために、転職前よりずっと低い給料を受け入れています。サフィアは、この会社の成功は業界全体を変えることができる、と言います。この斬新なアイデアにおおいに刺激され、ミーティングの帰り道、自転車に乗りながらデザインの可能性について久々にわくわくしていたのを覚えています。

僕はフェアトレードの考え方を全面的に支持しています。フェアトレードは、途上国の発展のために、現在選びうる最上の選択肢だと思うからです。僕はネパールとインドに一年あまり暮して、フェアトレードやNGOの活動を実際に自分の目で見てきました。フェアトレードが成功する理由は、ボトムアップのアプローチだからです。もちろん欠点もあるけれど、現状では問題解決の最善策だと思います。

フェアトレードが取引を行っている生産者たちは、社会の中でももっとも弱い立場に置かれた人たちです。教育も受けられず、自分たちの状況を改善する手段がない場合がほとんどです。彼らとともに活動し、支援することは、公正な取引だけでなく、グローバリゼーションや産業化が生み出した極端な貧富の差を緩和させることにもつながります。この格差を問題視し、すぐに是正に動く必要があります。さもないと、格差はより広がり、将来的にはさらにコストがかかることになります。世界中で起こっている政治的紛争や不安定な政治体制は、社会から除外された人々の怒りによって生まれるのです。彼らには何も失うものがありません。

消費者ももっと賢くならなければなりません。私たちの生活は、ものが作られる過程から切り離されてしまっています。商品や生産過程の情報が不十分であれば、消費者が一番安いものを選ぶのは当たり前です。結果として、スーパーやお店はより安いものを売らなければならなくなっています。そしてどんな生産過程を経たらそんなに安くつくれるのか、輸入者は気にしません。なぜなら消費者も気にしていないからです。フェアトレードのマークやその他の消費者向けの基準をつくることが、この問題に対抗する唯一の方法でしょう。

ピープル・ツリー UK のユースコレクションにイラストを提供。

デザイナーとしてキャリアを積みたい人には、地元で活動する団体やボランティアなどに積極的に参加することをおすすめします。魅力的な人にたくさん出会えるし、社会に貢献できて質の高い作品を作る機会にも恵まれるからです。人手を必要としている、すばらしいNGOや団体はたくさんあります。ボランティアだとしても、駆け出しのデザイナーにとってよい経験になることは間違いありません。僕がアクティビストのミーティングに参加する時は、自分がデザイナーであることはあまり公言しないようにしています。そうしないと、仕事漬けになってしまうから。ただボランティアから、報酬のある仕事につながることも多いです。僕の友人は、環境NGOのグリーンピースでリーフレットのデザインや雑用をボランティアとして一年続けた後、グラストンベリー・フェスティバルでグリーンピースのテントをデザインする仕事を得ました。

最後に、旅をすることを強くおすすめします。旅で得た経験は、僕にとって人生で最高の宝物です！

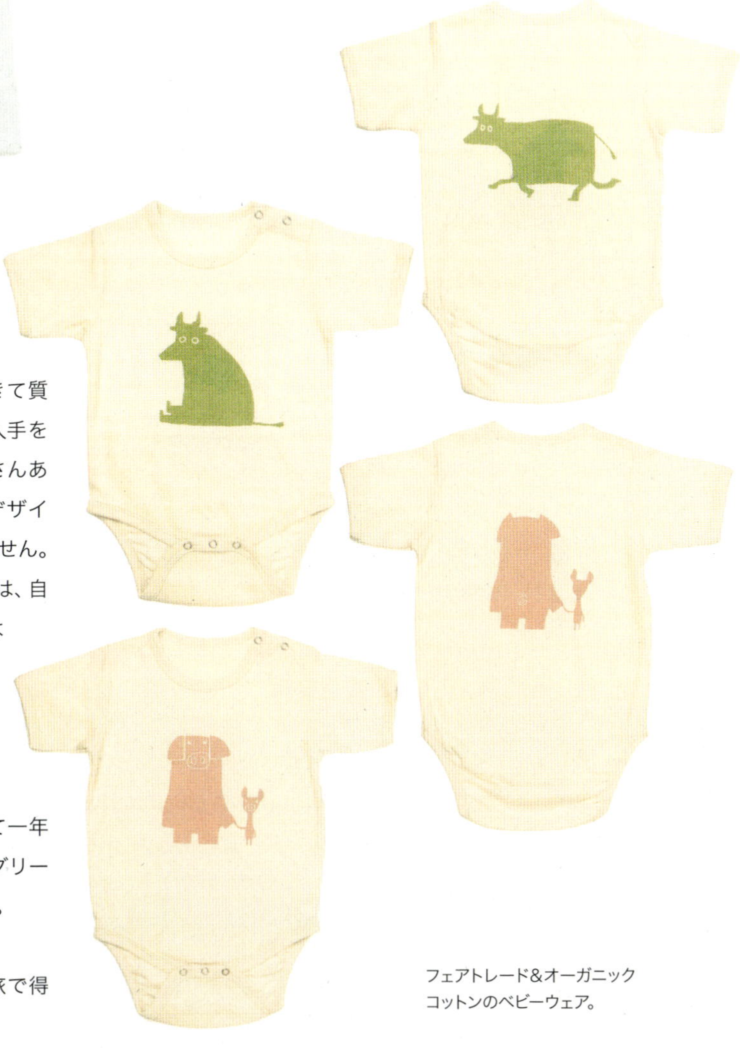

フェアトレード&オーガニックコットンのベビーウェア。

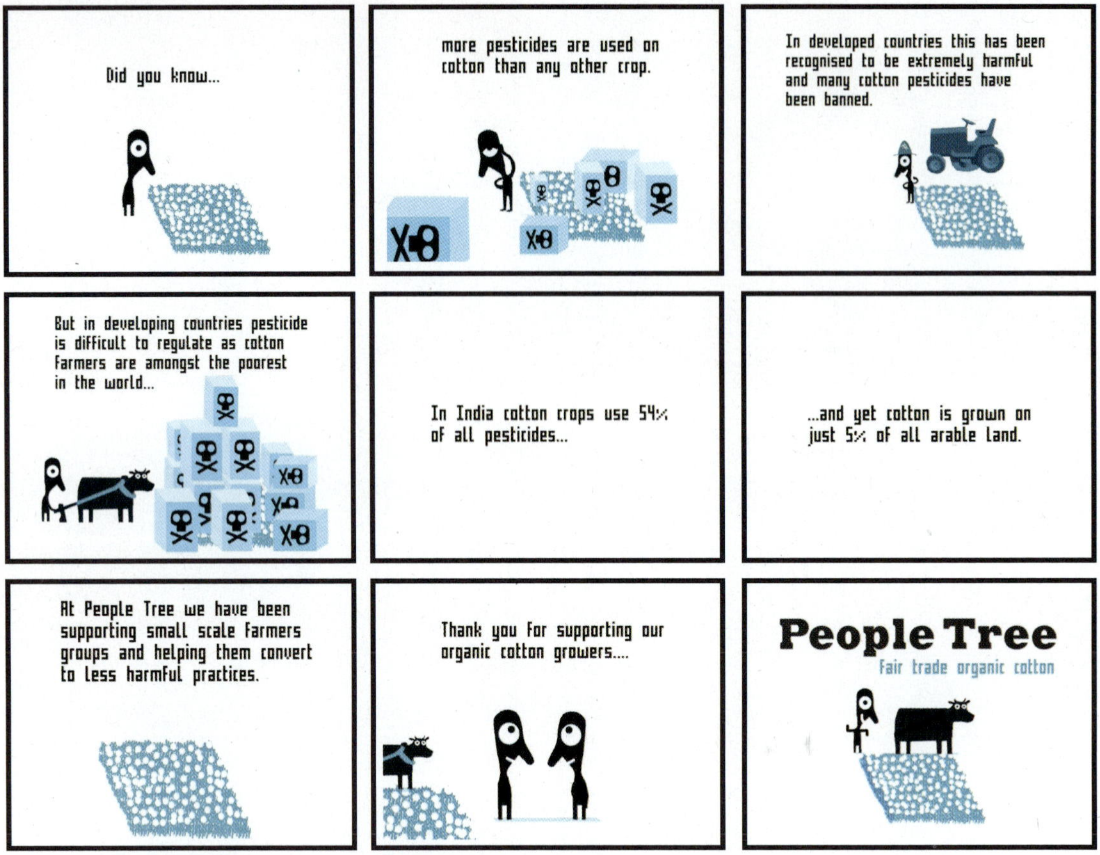

クリスがピープル・ツリーのために作成した、オーガニックコットンのアニメーションより。
クリスのウェブサイト（www.vegetablefriedrice.com）でも、作品が見られます。
右ページ：クリスがピープル・ツリーのためにデザインした手漉き紙、ノート、Tシャツ、フェルトの人形。

LINKS ー クリスのおすすめリンク

- クリエイティブが集まるイベント「OFFSET」での僕のトーク。フェアトレードでのデザインをスタートしたきっかけについて。これからキャリアを積みたいデザイナーの参考になれば **www.vimeo.com/11102357**
- サステナビリティについての良質なトーク（Long Now Foundation）**www.longnow.org/projects/seminars/**
- 経済学者ジェフリー・サックスによる貧困についてのトーク（BBC）**www.bbc.co.uk/radio4/reith2007/**
- New Economics Foundation：紹介はこちら **http://nin.tl/jFFr23**
  ここから一部コンテンツがダウンロードできます **http://nin.tl/jTfNu7**
- サステナブルなデザインについての情報を共有するコミュニティ **www.o2.org/index.php**
- 公正な経済と、貧困の終焉を目指しすばらしい活動をしている団体、World Development Movement **www.wdm.org.uk**

PEOPLE tREE
fair trade
PEOPLE tREE
FAIR TRADE
handmade in bangladesh

PEOPLE TREE

PEOPLE
tREE

people tree
FAIR TRADE
100%ORGANIC COTTON

people tree
FAIR TRADE
100%ORGANIC COTTON

Changemaker: Miki Alcalde

フォトグラファーのミキ・アルカルデ。
遠回りして見つけた、
自分にとって、そして世界にとって大事なこと。

「明日ビザを取得して、明後日バングラデシュに飛んでください」。インドにいる僕の携帯に、エージェントから連絡が入る。それは僕にとっては大当たりで、運命以外の何ものでもなかった。サフィアとピープル・ツリーの撮影をする予定だった別のフォトグラファーが、勘違いしてバングラデシュのダッカではなくセネガルのダカールに行ってしまったのだ。そのときは、生涯の師となり親友となる人に出会うことになるとは、知る由もなかった。

当時僕は27歳で、有名なエージェンシーのフォトグラファーとしてデリーで働き、夢を実現させていた。ただその夢は思い描いていたものと少し違っていた。ごく平凡な企業のCEOの写真を撮ることが目的でフォトグラファーになったわけではない。まるでつり銭をごまかされたかのごとく、どこかで道がそれてしまっていた。

そのさらに5年前には、小さなバックパック一つで中東やアジアを旅して回っていた。100本ほどの白黒フィルム、1本のジーンズ、Tシャツ、靴下、下着を2枚ずつ、セーターを1枚とニーチェの本だけを持って、何ヶ月も旅した。当時は100ドルで一週間以上暮らすことができた。国から国へ、カメラを通していろいろなものを見たり、探したりして歩き回った。稀にしか出会えない、すぐに消え去ってしまう詩のような美しい瞬間を見つけるために。とにかく旅をして写真を撮ることだけに、数年ものあいだ情熱を燃やし続けた。

ただ、そんなラブストーリーは、雨の日に突然虹が消えてしまうように、ある日突然終わってしまった。さらに時が経ち、新しい光が射し、また深夜が訪れた。そして僕は「ストリート・フォトグラフィー」を捨て、アフリカに飛び立った。また旅をしながら、「私の写真を撮って」と語りかけてくる物語がやってくる瞬間を待った。

エジプトからスーダンに入り、特にあてもなく南方に進んだ。2週間もするとやることが尽き、スーダンとエチオピアの国境を超えた。一本道しかない怪しい町にたどり着いたのは、夕暮れになった頃だった。そして最初に目に入ったホテルのような建物に入った。実はそこが売春宿だったと知ったときはもう手遅れだった。ただ、居心地が悪いわけではなかったので、そこに泊まることにした。まもなくして、若くてかわいい売春婦が、話をしようと部屋に呼んでくれた。そこで僕は、彼女がメークをして仕事の準備をしている姿を撮り始めた。カメラのファイダー越しに彼女を見つめていることに違和感はなく、自分がその場所にいないかのような錯覚すらあった。彼女のみすぼらしい小屋の壁には、お気に入りのインドの映画スターのポスターが貼られていた。その壁や、彼女が持っていた手鏡には、ある種独特な雰囲気があった。エチオピアが悲惨なエイズの渦で苦しめられていることを知っていた僕は、彼女と親密で無垢な時間を過ごしながら、これから数週間、病院やホスピスを訪れ、国が苦しんでいる様子を記録しておこうと決意した。

それから数年が経過した。エチオピアの売春婦や、エイズに感染した末期患者の母親、家族を失って残された人びとにその後会うことはなく、彼女たちがどうなったのか知るすべもない。僕の写真は、彼らの生活を改善することも、苦痛を和らげることもできなかったのだ。

バングラデシュでは、最貧困層の人びとにカメラを向けた。たとえば、大河の中州に住む農家の人たち。そこでは、地球の気候変動が原因で急激に浸食が進んでいる。バングラデシュがこんな危機に置かれているということを、他国の人びとは知らない。しかしそこで1分でも過ごし、彼らが農作物を育てる土地が流されていくのを目のあたりにすると、なぜ僕ら先進国の過剰消費のために貧しい国の人びとが苦しまなくてはならないのか、きっと疑問に思うはずだ。しかし、誰もがその場に行けるわけではない。

オーガニックコットンの山で
喜びを隠せないミキ。

SAFIA MINNEY

PHOTOS MIKI ALCALDE

だからこそフォトグラファーが行かなければならないのだと思う。だが、僕が彼らの写真を撮っても何の助けにもならない。結局その中州に住む家族は、農作物を失い、未来をも失う。そして夫はダッカで人力車を引くしか選択肢がないのだ。

オーストラリア、イタリア、スペイン、イギリス、アメリカなどで実に多くの人びとが、つやつやの高級誌を買い、日曜日の習慣として、表面的な「世界情勢」の記事を読む。そして自分のライフスタイルを変えようとすることもなく、そのまま次のページをめくる。その悪循環は永遠に続く。

そんなふうに希望を失っていた頃、また光が射し、深夜が訪れ、時が過ぎ去っていった。ここ3年間サフィアとともに旅をし、フェアトレードが貧困を改善する場面を自分の目で見る機会にも恵まれた。インド、ネパール、バングラデシュ、ボリビア、ケニアなどでピープル・ツリーの生産者の写真を撮り、これらの国の人びとの生活に、「先進国」の僕らの消費が直接影響を及ぼしているさまを目の当たりにした。フェアトレードは、ダッカの非人間的なスラムに住む人たち（何百万もの人がそのスラムでの生活を強いられ、大手ファッションブランドのために働いている）が、家族一緒に出身の村に帰れるよう尽力している。自分の村に戻った人々は、フェアトレードの服を作り、尊厳が守られた快適な生活を送ることができるのだ。

ピープル・ツリーのカタログには、商品を身につけるモデルの横に、幸せそうに布を織る現地の女性の写真が載っている。その女性のことを、あなたと同じ実在の女性として見てみてほしい。公正な賃金をもらう生活が贅沢だ

雑誌『マリ・クレール』のためにミキが撮影した、ピープル・ツリー親善大使のジョー・ウッド。

と言われる国でもそれを実現して暮らすことができるのだということを、彼女の笑顔が物語っている。彼女にはプライドがあり、足取りは自信に満ちている。撮影後、サフィアと僕は、彼女の家でお茶をいただいただろう。彼女の家族と楽しく会話をしただろう。夫や子どもたちに尊敬のまなざしで見つめられ、誇らしげに立つ彼女の様子を目にしただろう。遠く離れた国に暮らしていても、彼女が織った布を身につけると、その距離は一瞬にして消え去るのだ。

フォトグラファーになりたいなら、僕と同じ道を歩んでもいいと思う。僕はスペインの小都市に住んでいたので、写真の仕事ができる機会は少なかった。そこでニューヨークに引越し、フォトライブラリーで働き始めた。インターンとして働くつもりだったが、幸い有給の仕事をもらった。僕の提案で、毎週金曜日にコンペを開催し、そこで働くスタッフの撮った写真の中でいちばん優れた作品を、登録フォトグラファーに選出してもらうことになった。写真の学位を持つ人たちを差し置いて僕の作品が選ばれることが多く、大きな自信につながった。そこでしばらくしてエージェンシーを辞め、世界を旅しながら写真を撮ることにしたというわけだ。

写真は、「社会を変える」という僕の情熱を満たしてくれるだけでなく、僕の大切にしているもうひとつのこと、「自由な意志をはぐくみ続けること」も可能にしてくれるのだ。

migalc@gmail.com

PHOTOS MIKI ALCALDE

Changemaker: Miki Alcalde

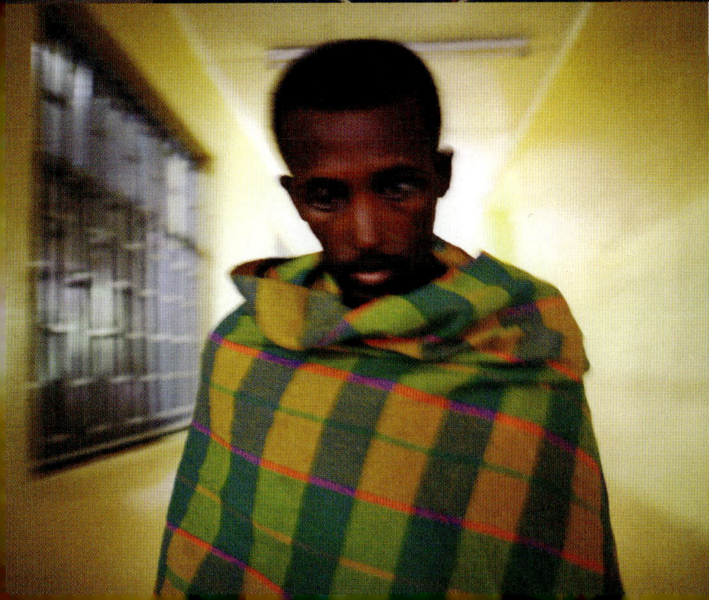

BUSINESSCHIC.COM.AU

ヴォーグ〜その先へ

ファッションライター兼クリエイター リーヨン・スーが語る、エシカルを広める「ツール」としてのデザイン。

これから大学を卒業して仕事に就こうと考えている学生の皆さんにとって、「サステナビリティ（持続可能性）」「社会的責任」「フェアトレード」は、比較的聞き慣れている言葉だと思います。しかし、私が『ヴォーグ ジャパン』で働き始めた1999年当時は、外国語のテストでかろうじて出てくる程度でした。

私がファッション業界に入れたのは、努力とタイミングによるものが大きかったと思います。東京の英語雑誌の出版社で働き1年近く経った頃、同僚がまだ創刊したばかりのヴォーグ ジャパンにつてがあることを知りました。ヴォーグで働くためなら何でもやる、そう思っていた私は、その同僚に紹介を頼みこみ、面接を受けることになりました。そして1999年9月には、イギリス人ファッション・ディレクターとその東京のチームのアシスタントとして働く機会を得たのです。

ヴォーグでの仕事は楽しいことがたくさんありましたが、決して華やかな世界ではありませんでした。特集記事の完成までに何ヶ月もかかったり、「夜遅く」（=「早朝」と読みます）まで働くことも多い日々でした。それでもなんとか時間を作り、中古のミシンを購入して、14歳の頃からの趣味である洋服作りを続けていたそんなある日、フリーマーケットで美しい古い着物や帯を手に入れました。日本の伝統的な生地のデザインや感触、色彩は、ほれぼれするほど見事でしたが、着物自体は現代の生活には実用的とは言えません。そこで私は、着物や帯をリフォームしてドレスをつくることにしました。2002年にはヴォーグでの勤務をパートタイムにしてもらい、初めての自分のブランド「マスト・ライク・キャッツ(Must Like Cats）」を立ち上げました。

商品は新しい素材と古着やヴィンテージの着物·帯をミックスし、すべて自分でつくりました。注文をこなすのに苦労し、海外での製造も考えましたが、その代金を聞いてやめました。高すぎるのではなく、その反対だったからです。見積りの額で現地のつくり手がどう生計を立てているのか、まったく理解できませんでした。結局、2004年にヴォーグからインターナショナル・ファッション・コーディネーターの仕事をオファーされるまで、洋服作りは一人で続けました。

新しいポジションに就き、さまざまなストーリーを提案し、記事を書きながらも、エシカルなファッションブランドを立ち上げたいと夢見続けていました。いつからかその存在を知っていたピープル・ツリーと、2006年にヴォーグを通じてコラボレーションする機会に恵まれました。そのときの私の企画は、トップレベルのデザイナーに洋服のパターンを提案してもらい、それをピープル・ツリーがフェアトレードで生産するというもの。できあがった洋服は日本とイギリスで限定発売し、その製造過程や完成したアイテムをヴォーグの誌面で紹介しました。

もちろん、実際にはそう簡単には行きませんでした。デザイナーたちにフェアトレードのしくみや私たちの意図を理解してもらい、参加の了承を得るのに苦労しましたが、

Fair@Square: moralfairground.com.au
Peppermint: peppermintmag.com
Style Wilderness: stylewilderness.blogspot.com
Australian Sustainable Fashion Network:
melbournesustainablefashionnetwork@groups.facebook.com

最終的に４人のデザイナーが参加してくれることになりました。ロンドンを拠点に活動するリチャード・ニコルとボラ・アクス、日本のブランドであるファンデーション・アディクト、そしてＮＹのタクーンです。生産の進行管理は日本のピープル・ツリーの優秀なスタッフにお任せしました。サンプル修正や品質チェックの打ち合わせを何度か行い、ようやく完成したサンプルを、トップモデルのリリー・コール、ヘレナ・クリステンセン、杏、シャローム・ハーローに着てもらって撮影しました。みんな無償で快く協力してくれました。モデル着用写真にフェアトレードについての説明ページを足し、完成した特集はヴォーグ2007年６月号に掲載されました。雑誌の発売と同時に、東京のユナイテッドアローズ、日本のピープル・ツリー、さらにイギリスのピープル・ツリーのオンライン・ショップでも販売が始まりました。

この企画は、ヴォーグでの仕事のなかで私が一番誇りに思っているものです。ヴォーグの読者の中には、フェアトレードという言葉を聞いたこともなかったファッショニスタもいたことと思いますが、「エシカルでオーガニックのファッション」=「醜いヒッピー服」ではないことを、実際に見て実感してもらうことができたからです。この新しい形のコラボレーションに、海外のメディアも注目しました。けれども結果として一番嬉しかったのは、３人のデザイナーがその後もコラボレーションを継続し、さらにツモリチサト、ローラ アシュレイ、サム・ウビなど他の一流デザイナーも参加の意を表してくれたことです。

現在私はメルボルンに戻り、オーストラリアのエコファッション雑誌『Peppermint』に執筆しながら、自分のブログ『Style Wilderness』でファッションリサイクリングやデザインの可能性についての記事を書いています。また自分のレーベル「Fourth Daughter」の活動や、フェアトレードのグループとの仕事も続けています。

さらに、フェアトレード・ファッションショーもこれまでに３回コーディネートしました。最初のショーは、2008年のフェアトレード・フォートナイトでのパレードで、２回目は2010年のFair@Squareフェスティバルでのファッションショー、３回目は2011年12月に行ったもの。どのショーも、「フェアトレード」「エコフレンドリー」「リサイクル」「サステナブル・ファッション」などさまざまなテーマをミックスして見せ、成功に終わりました。多くの観客が集まり、好意的な反応もたくさんいただきました。

ファッションは表面的で浅薄なものだと思われがちです。ただ、その華やかな部分は、エシカルでサステナブルなライフスタイルを広めるための強力なビジュアルツールでもあります。現在私は、オーストラリアン・サステナブル・ファッション・ネットワークのメンバーたちと協力して、サステナブル・ファッションの普及をめざしています。ファッション業界や一般の人たちに、もっと身近に感じてもらいたいのです。近い将来、すべてのファッションがサステナブルになり、サステナブル・ファッションについて語る必要がなくなる日が来ることを願ってやみません！

イギリスのデザイナー、リチャード・ニコルがピープル・ツリー、ヴォーグ ジャパンとコラボレーションしたアイテム。
モデル：中川百合

「世界フェアトレード・デー」

フェアトレードを一斉にアピールする日「世界フェアトレード・デー」。

毎年5月第2土曜日の「世界フェアトレード・デー」。世界中でこの日を祝うようになったのは、2001年にピープル・ツリーとその母体NGO「グローバル・ヴィレッジ」がWFTO(世界フェアトレード機関)に加盟する400以上の団体に開催を呼びかけたことがはじまりです。

この日世界各地で、カルチャーイベントやセミナー、フェアトレード朝食会、ファッションショーなど、さまざまなイベントが開催されます。

フェアトレードは、途上国の貧困をなくすために1960年代に始まり、2001年までにはヨーロッパではすでに急速な広がりを見せていました。現在、ヨーロッパのフェアトレードショップは合計3,000店舗にも及び、スーパーの棚にはコーヒー、ジュース、果物などさまざまなフェアトレード食品が置かれています。日本では、フェアトレード商品を取り扱う店舗は300店以上あります。

フェアトレード運動は、個人の小さな行いがビジネスや社会のあり方を変えるまでの大きなうねりとなった、「バタフライ効果」の最たる例といえるでしょう。現在1,000以上にものぼる「フェアトレード・タウン(フェアトレードを地域ぐるみで推進する市町村)」の運動は、イギリスのある町のスーパーで、ひとりの紳士が友人たちとともに、フェアトレード・コーヒーを置いてくれたら自分たちが毎週6箱ずつ買うので仕入れてほしい、と店長に頼んだことが始まりでした。日本では2012年に熊本がアジア初のフェアトレードタウンに認定されましたが、そこに至るまでには15年以上地道にフェアトレードを広めてきたフェアトレード・ショップの活動があったのです。

初めの一歩は、草の根の活動です。近所のスーパーでフェアトレード商品を買う、勤務先の会社で商習慣を変えるよう働きかけるなど、各自ができることをやっていけばよいのです。フェアトレードを支援する消費者は、ソーシャルビジネスのベンチャーや活動組織と同じくらいの働きをしています。小さな行動が、生産者や職人たちの暮らしと文化を支え、環境や社会に配慮した貿易を実現することにつながります。立場の弱い人々に力を与えるために、さまざまな団体がオーガニックコットン農法の支援や、職人たちの技術向上をサポートしています。生産者の生活向上のためや公正な取引を妨げる政策や制度を変えるために、政府や大企業への抗議活動を行うこともあります。

誰でも生きている限り政治とは無縁でいられません。マーチン・ルーサー・キング・ジュニアが言ったように、「朝食を食べ終える前に、あなたはすでに世界の半分以上の人々から恩恵を受けています」という状態に気付かなければなりません。人と環境を優先する公正な貿易のシステムを求める人は増えています。利益のみが成功の基準となっている古い経済システムが崩壊するのも時間の問題でしょう。最低限の人権を無視した搾取や、計画性のない資源の消費は、毎年新たに100万人を飢餓に追いやっています。フェアトレードは、人と地球、そして利益を同等に扱う、新しいビジネス・経済のモデルなのです。

1,2 世界フェアトレード・デーの特集記事とイベントでの和太鼓パフォーマンス／ 3 ペルーの先住民の職人たちも世界フェアトレード・デーを祝った／ 4 インド、タージ・マハールの前でフェアトレードをアピールする500 人の職人たち／ 5　イギリスでのファッションショー／ 6,7 ネパールの「クムベシュワール・テクニカル・スクール」では編み手によるデザインコンペを開催／ 8,9 日本でのセミナーとファッションショー

SUPPORT FAIR TRADE
World Fair Trade Day 12 May 2012

FAIR TRADE + ECOLOGY
WORLD FAIR TRADE DAY
Be the Change!
9 May 2009

FAIR TRADE AND FORESTS
WORLD FAIR TRADE DAY
14 MAY, 2011

Fair Trade - Made in Diversity
8 May 2010
World Fair Trade Day

1 インド「アグロセル」のプロジェクトマネージャー、ハシュムク・パテルによるロンドンでの講演／2 ファッションショーの準備中、香港にて／3, 4 東京で開催された世界フェアトレード・デーのイベントには800人が参加／5 東京でのユース・コレクションのショー／6 東京・エコプラザで開催されたセミナー／7,8 香港でのフェアトレード・ファッションショー&セミナー／9 香港のファッションショー舞台裏／10 オーストリアのフェアトレード活動家／11 チャールズ皇太子のロンドンの公邸、クラレンスハウスで開催されたファッションショー／12 フェアトレード・マーケット、東京にて／13 ミレニアム開発目標達成を呼びかけるキャンペーン、ロンドンにて／14 インドから来日した生産者によるスピーチ／15 学生がフェアトレードを広めるプロジェクト「School of Fair Trade」のメンバーがフェアトレードへの応援メッセージを集めた／16 インドとフィリピンの生産者が来日／17 ロンドンのファッションショー

8
Stop the Lethal Use of "Dirty Dozen" WHO-banned Chemicals in Developing Countries

11
Fashion
=
Sustainable
fashion

15
Voice of Fair Trade
にご協力下さい!
Voice of Fair Trade
にご協力お願いします
あなたにとって
フェアトレードとは?
お気入りの
フェアトレード商品は?

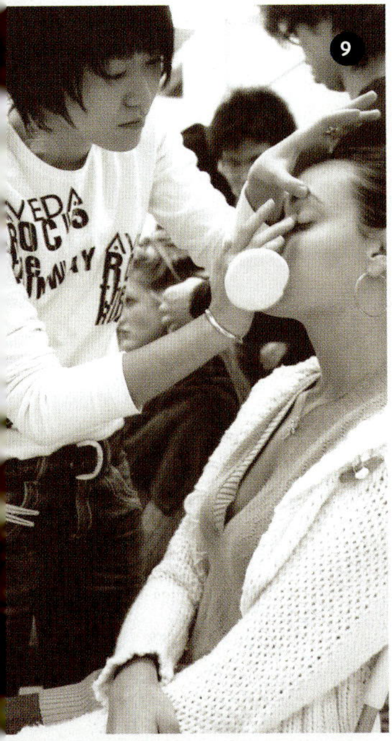
9

12

16

10
I'm not toxic

13

14

17
Cut the
green wash
People Tree

フェアトレード～未来へ

「今こそ、
ピープル・ツリーのような
企業がもっと必要。
新しい経済のあり方へ、
シフトしなくては」

Luca

「買い物をするときは、それが本当に必要なものなのか、
長く使い続けられるのか、
考えてから
買うようにしています」

春奈

「自分の服が
環境におよぼす影響について考えます。
未来は私たちがどう
変わるかに
かかっているから」

Natalie

「自分だからこそできる国際協力を調べるうちに、
出会ったのがフェアトレード。
常に外に注意を向けて、気づいたことは
行動に移すよう心がけています」

安里紗

「ピープル・ツリーのモデルをするまで、
誰が自分の服をつくっているのか
よくわからなかった。
ビッグブランドの服を買うことが多いけど、
これからはチャンスがあれば
フェアトレードの服を買うよ」

Tom

JONATHAN ROSE AND SAFIA MINNEY

SAFIA MINNEY

Gen Nagashima

**ミュージシャン、モデル、俳優として
幅広く活躍する長島源。
シアター・カフェ「CINEMA AMIGO」で、
人がつながる場をつくる。**

ー環境問題に取り組むようになったきっかけは？

子どもの頃に両親が参加していた池子(逗子市) の米軍家族住宅建設反対運動かな？　7歳で自分の意志でベジタリアンになったり、環境に悪いと聞いたら石けん以外で体を洗わなくなったり、環境的なことへの意識が強い子どもだったようです。1997年の立ち上げから関わった海の家「Blue Moon」でカタログの撮影に来ていたサフィアさんと出会い、ピープル・ツリーのカタログにモデルとして参加するようになりました。

ーなぜシアター・カフェを始めようと考えたのですか？

Blue Moonは、当時20代だった兄たちの世代が中心となってつくった空間で、葉山カルチャーの拠点。立ち上げに関わった当時はまだ18歳で、就職以外の働き方をしている人たちに大勢出会った影響は大きかったですね。フラットな人の繋がりの中で生きていきたいと感じました。そういった意味で人が出会う場作りは自分のキーになっていて、それがいわゆる「サラリーマン生活」とは違う道を歩ませることになったのだと思います。

それより少し若い自分たちの世代が中心になって2005年にオープンした「SOLAYA」は、都会と湘南の両方でアクティブに動いている人たちを繋ぐ場になっていった。どちらも音楽が大きな比重を占めていて、「同世代が音楽で繋がる」ことは実現できたと思います。その後、いわゆる「カフェ」からの情報発信に限界を感じたところに「シネマアミーゴ」になる物件が空き、「映画」というキーワードが出てきました。映画は音楽よりも直接的な情報発信だし、音楽も含めたさまざまな要素が盛り込める。ほかの世代と繋がることもできる。それから逗子エリアには映画館がないので、文化の発信基地にもなると考えました。メジャーの媒体が取り上げないさまざまなドキュメンタリー映画も取り上げています。

—おすすめの映画は？

『セヴァンの地球のなおし方』、『未来の食卓』はどちらもジャン＝ポール・ジョー監督による作品。身近なところから環境問題を考える映画で、観やすくておすすめです。『パワー・オブ・コミュニティ』はキューバが経済封鎖で石油が手に入らない中、オーガニック農業を発展させていった話。今の日本でもエネルギー不足の問題が大きく取り上げられているけれど、なければないでできるんだ、と新たな気づきを与えてくれる映画です。

—シネマアミーゴの将来の展望は？

全国のコミュニティシネマの数は、おそらく300ほど(一部リストはこちら：jc3.jp)。映画館で映画を見る人が世界的に減っていて、どこの映画館も苦しいのですが、シネマアミーゴのように「映画＋ α」のスポットが増えると面白い。特に震災以降、テレビなどマスメディアがコントロールされていたことが多くの人に知られてきたので、マスに対するオルタナティブ・メディアになれたらいいと思います。

cinema-amigo.com
www.bluemoonhayama.net

SAFIA MINNEY

Dean Newcombe

モデル、俳優として活躍する傍ら
有志による団体「IMA」をを立ち上げた
ディーン・ニューコム。
東北支援や健康的なライフスタイルの
普及に奔走する。

ーモデルであるあなたが、3.11の震災をきっかけにボランティアの活動を始めたのはなぜですか？

モデルと俳優の仕事は毎日が刺激的ですが、それだけでは満足できません。以前から、みんなに伝えたいことが山ほどあったし、自分が受け取ってきたものに対して、人生を通じてお返ししたいと思っていました。出身のスコットランドの小さな村で、仕事の合間に、幸せと健康を手に入れるためにはどうしたらいいか、自分なりの考えをまとめました。そこに、旅行や栄養学、チャリティといった、自分が情熱を持っていることをあわせ、IMA(Intrepid Model Adventures) という小さな団体を立ち上げました。その3ヵ月後に、地震と津波が日本を襲ったのです。実は地震の半年前まで日本に住んでいて、すばらしい出会いに恵まれ、充実した時間を過ごしました。何かをお返しするチャンスがあるとすれば今だ、と思ったのです。天からの声とも思えるこのタイミングに、僕は人生を180度変えました。

ーファッション業界の一番の問題は何だと思いますか？

ファッションの本当の姿が十分理解されていないことだと思います！ 趣味は買い物、という人が日本にはたくさんいますが、何を着るべきかメディアに指示され、狂った大量消費の世界で浪費することがファッションだとは思えません。僕にとってファッションとは、クオリティと心地よさにこだわること、そして自分を表現すること。そうすれば、好きな服をずっと着続けられるし、トレンドだけに振り回されることはありません。

ーピープル・ツリーと仕事をするようになったきっかけは？　また、人権や環境を大切にするのはなぜですか？

ピープル・ツリーのモデルをすることは僕にとって最高の仕事。東北でボランティアをしていたとき、偶然ピープル・ツリーのスタッフと出会いました。その活動については前から聞いていて、関われたらどんなに楽しいだろう、と思っていたのです！ その数週間後にはサフィアと会い、何かいっしょにできないか、と相談していました。ピープル・ツリーの服を着るたび、満たされた気持ちになります。特別な何かに気づき、よりフェアな世界を作るための自分なりの貢献をしているような。多くのことを学び、見てきた今、人権や環境を無視して過ごすことはできません。自分が信じられるものだけを買うことは、とてもシンプルなアクションですが、世界の大多数が明日からそう行動を変えたら、世界は大きく変わると思います。

ーこれからやってみたいことは？

ピープル・ツリーのパートナー生産者をバングラデシュに訪ねられたら…考えるだけでとてもわくわくします。最近は、誕生日にプレゼントをもらうことを期待するのではなく、どれだけまわりにお返しできるかを考えています。2011年の誕生日は東北で被災地支援をしながら、2012年はバリの孤児院に暮らす子どもたちと迎えました。2013年はピープル・ツリーの職人さんたちといっしょにいられたら嬉しいですね。スウェットショップからフェアトレードの村まで、バングラデシュの人びとの暮らしを理解したい。受け入れ難い現実もあるでしょうが、その経験を越えたら、よりよい人間になれると信じています。夢のような話ですが、夢のその先に現実が始まると信じていますから。

www.deannewcombe.com
www.intrepidmodeladventures.com

Vintage Fashion: もうひとつの選択肢

借りて、交換して、リメイクして･･･
古着、アップサイクル、手作りで楽しむ
サステナブル・ファッション

Vintage Festival会場で撮影された、
ピープル・ツリーのコレクション。

SAFIA MINNEY

Vintage Festival会場で撮影された、
ピープル・ツリーのコレクション。

SAFIA MINNEY

Wayne Hemingway

野外イベント「Vintage Festival」をスタートしたファッション・デザイナー ウェイン・ヘミングウェイ。

―自身のブランド「レッド・オア・デッド」を売却した今、どのようにファッションに関わっていくつもりですか？

1981年カムデンマーケットで、古着や古着をカスタムメイドした、政治意識のある服を販売したのがレッド・オア・デッドの始まりです。その後、グリーンピースと連携したり、ヘンプデニムを開拓するなど、環境に関わる活動をするようになりました。テキスタイルのリサイクルを促すことでごみを減らし、売上を途上国支援にまわすTRAID (www.traid.org.uk) のような活動を支援することは、僕らのDNAの一部なのです。

―古着やヴィンテージの服は、ファッションの「解毒剤」的な存在になると思いますか？

古着やヴィンテージがアンダーグランドから抜け出して一般的になりつつあることは、とてもよいことだと思います。製品の寿命を延ばすことにつながるからです。

―フェアトレードのファッションは、ここ10年でどこまで進んだと思いますか？

初期のフェアトレード・ファッションは、あまりデザイン性の高いものではありませんでした。でも最近は、ピープル・ツリーのような会社が登場して、状況が変わってきています。サプライチェーンがすべてフェアトレードのエシカル・ブランドが商業的に成立し、ハイストリートのブランドと肩を並べていることは、とても大きな進歩だと思います。

―ファスト・ファッションへの対抗策は？

ファッションは競うものではなく、楽しむものであるという意識、そしてステータスを誇示したり見栄を張ったりするためではなく、個性を表現するために存在するのだということを、社会にもっと浸透させるべきだと思います。

www.vintagebyhemingway.co.uk
www.hemingwaydesign.co.uk

VINTAGE FASHION
ヴィンテージ・ファッションを探そう

日本のブティック

TORO トロ
渋谷区神宮前6-19-17　石田ビル4F
Tel: 03-3486-8673
www.facebook.com/torovintage

MOTHER LIP マザーリップ
渋谷区代官山町14-11
Tel: 03-3463-0472
ameblo.jp/motherlip

JANTIQUES ジャンティーク
目黒区上目黒2-25-13
Tel: 03-5704-8188

Pina Colada ピナコラーダ
目黒区上目黒1-5-10
Tel: 03-3791-9575
www.pinatokyo.com

CaNARi vintage カナリ ヴィンテージ
渋谷区上原1-47-4
Tel: 03-3468-1374
www.canari-vintage.com

OTOE オトエ
渋谷区神宮前2-31-9 2F
Tel: 03-3405-0355
twitter.com/#!/OTOELOGY

CARBOOTS カーブーツ
渋谷区代官山町14-5
シルク代官山1F
Tel: 03-3464-6868
www.carboots.org

海外のウェブサイト

The Frock.Com /www.thefrock.com
Tangerine Boutique /www.tangerineboutique.com
Ballyhoo Vintage Clothing /www.ballyhoovintage.com
Vintage Kimono /www.vintagekimono.com
C20 Vintage Fashion /www.c20vintagefashion.co.uk
YOOX / www.yoox.com
Rokit /www.rokit.co.uk
Ooh la la ! Vintage /www.oohlalavintage.com
Beyond Retro /www.beyondretro.com

海外のヴィンテージ・フェア

イギリス
Frock Me!
Chelsea Town Hall, Kings Road, Chelsea, LondonSW3 5EZ
Tel:+44(0)20 7254 4054
www.frockmevintagefashion.com

Hammersmith Vintage textiles and fashion fairs
www.pa-antiques.co.uk

オーストラリア
The Diva's Closet
10/11 Young Street, Paddington, Sydney, NSW 2021
+61(0)2 9361 6659

アメリカ
The Family Jewels, 130 West 23rd 633 6020
www.familyjewelsnyc.com

Masamichi Toyama

食べるスープの専門店
「Soup Stock Tokyo」をはじめ
「世の中の体温をあげる」をテーマに
事業展開するスマイルズ代表、遠山正道。
セレクトリサイクルショップ
「PASS THE BATON」について聞いた。

ーパスザバトンを始めたインスピレーションは?

物が集まっているところが赤い点で光る地球儀があったとしたら、おそらく東京は地球上で一番赤いと思うんです。その東京の赤を薄く地球儀全体に伸ばしたイメージが、ブランドカラーの薄いピンクです。

企業やデザイナーさんが毎シーズン新しい商品をつくっても、シーズンが終わって余ったら処分してしまうなど、もったいないと思うことが度々ありました。そこで、個人にもそれぞれの歴史やカルチャー、センスがあるわけだから、そういう物を交換するだけでも十分良い世界ができるじゃないかと思ったのが始まりです。お店のコンセプトがあるので読みますね。

東と西、北と南の風土の違いは価値であり、
しかし、摩擦の種でもある。
国ごとの文化の違いは価値であり、
しかし、戦争の種でもある。
企業ごとのプロダクトの違いは価値であり、
しかし、過剰な競争の種でもある。
その争いの結果、物は過剰に溢れたり、
過剰に消失し、社会にも地球にも負担をかけてきた。
ならば、国や企業を越えて、
個人の文化の違いに価値を見出してはどうだろうか。

それぞれ培った個人の文化を
お互いに尊重しあい、交換しあう。
新しいものを創造するのもよいし、

SAFIA MINNEY

既にあるものを大事にするのもよい。
既にある誰かの技術、今の私の価値、
将来の誰かにとっての大事。

Pass the Personal Culture.
New Recycle.
Pass the Baton.

MICHIKO ONO

リサイクル品に個人のストーリーを添えて販売するというのが基本です。最初はパスザバトンらしいセンスの物をセレクトして、例えば和食器などはあまりおもしろくないかなと思っていたのですが、外国人のお客様が喜んでくれたりと、最近はいろいろなカルチャーをちょっと編集することでかえって魅力的な店になっている気がします。また、お客様も女性や年配の方をはじめ、ストリート系の若者とか、性別、年齢、国籍を問いません。そういう人たちが交り合う場所ってなかなかないですよね。現在は1,500名くらいの方が出品者として登録されていて、ウェブサイトでは各人の過去の商品の一部がアーカイブになっているので、自分の趣味と合う出品者というのもわかります。その人が新しく出したらチェックする、ということができるんですよ。

—ブランドやメーカーとのコラボレーションもされていますね。
我々は「プロパー越え」と呼んでいますが、メーカーから出たB品やデッドストック品などにオリジナルのデザインをほどこして、さらに魅力的な付加価値をつけて販売するということもやっています。例えば、傷がついてしまった食器にミナ ペルホネンのプリントをほどこした商品は、多くのお客様がウェイティングリストに名前を連ねています。他にも、3.11で工場が被災した耐熱ガラスのメーカーさんの、製品にできなくなったガラスでつくったネックレスも人気がありますね。KIGIのお2人(植原亮輔氏・渡邉良重氏)にかわいい箱をつくってもらって。
我々には「リサイクル」というしばりがあるから、かえって考えやすいんですよ。大企業でも、普通なら捨ててしまう不良品をどうにか利用しようとする意識があればいろんなアイデアが湧いてくると思うんですがね。

—事業を続けるなかで大変なことは何ですか?
儲からないことかな(笑)。あとちょっとという感じですけれどね。1999年に立ち上げた最初の事業「スープストックトーキョー」というスープ店はこの2〜3年でようやく利益が安定するようになってきました。また、パスザバトンは特に全部一点物だから、商品とコストの管理が大変です。全部で3万点の棚卸し(商品確認)、それから一生懸命つくってもB品などが材料だから数に限りがあって、すぐに売れてしまうんですよ。企画から完成に1年くらいかかってもあっという間に。つくった人たちの達成感だけが残ります。

—ビジネスを展開するうえで心がけていることは?
そうですね、自分たちに必然性のある物、自分たちに理由のある事をやっていくということでしょうか。今の世の中、ビジネスは何をやっても大変だからそう簡単にはうまくいかない。自分がこれをやりたい、やるべきという、自分にとっての理由がきちんとあれば、つらいことがあっても続いてやっていけると思います。自分たちから第一声を投げかけることですね。いまの世の中はマーケティングや流行で事業が決まりがちですが、そうではなくて、自分からこういう物を提案したいと。それで一生懸命つくって共感してもらえればうれしいし、もっとこうじゃないって助言してもらえれば修正を重ねる、そういう世の中とのコミュニケーションですね。

www.pass-the-baton.com
www.smiles.co.jp
toyama.smiles.co.jp

SAFIA MINNEY

CHAPTER 3

メディアの役割と意識の改革

Media and mindsets

ケニアのボンボルル・ワークショップにて、フェアトレード・ファッションショー。

CHRIS FLOYD

Caryn Franklin

著名なファッション・コメンテーターであり、英TV番組「Clothes Show」の長年の顔でもあるキャリン・フランクリン。デブラ・ボーン、エリン・オコナーとともに「All Walks Beyond the Catwalk」を立ち上げた。

―「オール・ウォークス・ビヨンド・ザ・キャットウォーク」であなたが成し遂げたことを教えてください。

最近の雑誌や広告は、現実には実現不可能な美のイメージであふれています。現代の若い女性たちが一日のうちに目にするそんな「美しすぎる」イメージの量は、その母親世代が青春時代に目にしたであろう量をはるかに超えています。このように現在のファッション系のメディアには、とても若くて、痩せすぎで、顔色の悪いモデルしか登場しないので、消費者は、理想的な体型のありかたをファッション業界から強制されているように感じてしまうのです。

私達が注目している分野のひとつに「サステナブルな身体」があります。ファッション業界は、サステナブルで実現可能な女性らしさを、もっとプロモートすることができると思います。女性の美はファッションでも表現可能なのです。

最先端のデザインは、体型をより美しく見せるためにあるべきだと、私たちは考えます。そこで私たちは、年齢層も体型もばらばらのモデルを集めて、マーク・ファースト、ハナ・マーシャル、ウィリアム・テンペストなどの新鋭デザイナーに、次のような依頼をしました。「このさまざまなモデルを使って、あなたのイメージをプロモートする次期シーズン用デザインを創作してください。それをロンドン・ファッション・ウィークに持って行きます。」

マークは、彼の担当モデルであったヘイリー・モーリーとの仕事をとても楽しんだようです。ヘイリーは「12プラス・モデル・マネジメント」というモデルエージェンシーに所属しているサイズ14(日本の15号サイズ相当) のふっくらした体型です。マークはヘイリーをとても気に入ったらしく、自分のキャットウォークショーにも彼女を登場させ、メディアにもかなり注目されていました。これをきっかけにオール・ウォークスは世界的な注目を集め、ファッション業界を変える必要性を露呈させたのです。

―あなたがファッションカレッジや教育機関で働くのはなぜですか?

次世代の若者たちに、女性のアイデンティティに対する表現を作り上げていく責任について考えてもらいたかったからです。個人それぞれが変化をもたらす力を持っているし、それぞれに責任があるということを理解してもらいた

WITH THANKS TO KAYT JONES, RANKIN AND NICK KNIGHT FOR ALL WALKS BEHIND THE CATWALK CAMPAIGN IMAGERY

いのです。そのために一番効果的なのは教育です。また、私が30年前に政治的活動を通じて個人的な願望や目標に気付いたように、彼らにもそういったものを感じ取ってほしいと思っています。現在ではそのような機会がないため、若いクリエイターたちは自分の本能の力や願望を信じられず、企業の要望に応えようと自分の才能を制御し、企業のゴールを優先してしまっていると思うのです。

一あなたはポストフェミニスト運動に参加しているとのことですが、80年代のフェミニズムにはもっと明確な見解や自由があったと思いますか?

そうですね。フェミニズムはもはや存在しなかったかのようにも感じます。80年代に活動し始めた当時、私は女性として自分に自信を持っていました。しかし、30年後の今、多くの若い女性は「私はこれでいいの？　いい女になるためにはどれくらい変わらなければならないの?」と常に自問自答しているように感じます。

一新しい独立系ブランドやエシカルブランドにとって、一番の問題はなんだと思いますか?

一番の問題は、巨大ブランドと同じ市場で勝負しなければならないことです。小さなブランドは、仕入先やスタッフの顔をよく知り、最終製品の仕上がりにも配慮しています。一方巨大ブランドの多くは、商品や製造者に対して人間味のある配慮を示すことはありません。しかし消費者のほとんどはその違いを知ることもなく、安価な値段と華やかな見かけを優先して、巨大ブランドの商品を購入してしまうのです。

ブランドの強烈なメッセージは、ビューティーやファッションをポルノ化してしまっています。一瞬のファンタジーともいえるビジュアルは、私たちを日常の生活から逃避させてくれる、美しくて魅惑的でとても強烈な別世界です。撮影後の制限のない映像編集が受け入れられているこの社会では、真実を見せる必要はないのです。

一では、レタッチ(修正)に関しての法案やガイドラインを設けた方がよいと思いますか?

しわやしみなどの欠点は、遠い昔の時代から修正されてきました。ハリウッドの若手女優の肌をエアブラシや照明などで調整したのが始まりです。それは常に受け入れられてきたことです。なぜなら、私達のお気に入りの写真は、周囲に見てほしい自分の理想の姿だからです。だからこそレタッチは法制化するのが微妙な部分でもあるのです。大型家電製品は真実の姿を見せなければならないのに、人間の身体の場合は真実でなくてもよいとされています。ですが、現実からかけ離れた顔や身体を見て心を痛めている女性が多いことは、科学的研究結果によって実証されています。これはやはり行き過ぎた修正が害になることをあらわしていると思います。

一広告業界は、消費者の公民権が剥奪されている状況に気付いていると思われます。なぜ女性はこれを受け入れているのでしょうか?

現代の女性たちは不安定な立場にあります。大企業のファッションブランドは巨大化し、私たちの不安な気持ちを利用して莫大な収益を作り出しています。女性たちは、美しくなるために、新しい化粧品やドレスや靴を購入する必要はないのです。けれども、女性たちに商品のイメージと自分の姿を重ねさせ、その商品を購入すればより美しくなれる、新しい自分になれると感じさせることこそが、ブランドセールスの狙いなのです。

ポスト・フェミニズムのいま、
多くの若い女性は
「私はこれでいいの?」
と常に自問自答しているように感じます。

女性たちはファッション業界の作戦にまんまとひっかかり、容姿で全てが解決すると思わされています。表面は中身よりも簡単に変えられる、と信じ込まされているのです。大学で講義をする時は、30年前にスージー・オーバックのような女性から学んだことを、何度も繰り返し伝えています。最近の女性は、自分のお金で整形手術をすることによって、女性の自由と解放を手に入れたと思っています。しかしそもそも整形手術を勧める文化に疑問を持つことはないのです。30年前、学者たちは女性の権限を声高に主張していました。それは素晴らしいことでした。その時に、私は本当の大人の女性らしさについて学び、その文化を受け継いだのです。最近の若い女性はそのような機会に恵まれていません。それどころか、その母親世代までもが、加齢の恐ろしさを謳った化粧品会社の宣伝を常に見せられ、年をとることを極端に恐れているのです。我々の文化において、年老いた女性が賞賛されることはほとんどありません。また年配の女性が仕事を得ることはかなり難しいでしょう。あなたが最後に白髪の女性をＴＶで見たのはいつだったか覚えていますか？

ーオール・ウォークスは、ファッション業界が作り出した体型差別・年齢差別という悲惨な状況を、どのように改善させているのでしょうか？

つい最近のキャンペーンでは、ステラ・マッカートニー、ヴィヴィアン・ウエストウッド、ジャイルズ・ディーコン等のトップネームに依頼し、さまざまな年齢、体型、肌の色のモデルを使用して撮影しました。ランキンが撮影した巨大なポートレイトは、ナショナルポートレイトギャラリーで展示され、4,000人もの人々がその多様性と個性の美しさに驚嘆しました。その中に、アントニオ・ベラルディのドレスを着た67歳のモデル、ヴァレリーの写真があります。ぴったりとフィットしたドレスは、彼女のお腹のシルエットをそのまま見せています。垂れたお腹もしわもそのまま見せたかったのです。もう一人のモデル、ダフネは80歳ですが、肌がとてもきれいです。また、撮影後の編集に関する私たちの意見を録音して公開し、修正を加えたのは不必要な影や目障りな縫い目の線だけで、モデルたちの肌や体型には一切手を加えていないということを公表しました。

ー５年後、何の制限もない理想的な社会になっているとしたら、ファッションはどのようになると思いますか？

どのショップにも商品知識があり、その商品をこよなく愛している人で溢れていると思います。さまざまな体型の美しいモデルが商品を身にまとい、どの女性も自分が社会で歓迎されていることを実感できます。洋服を作る過程に関わった人々はみな誇りを持ち、それぞれには語るべきストーリーがあります。個人や個性が称賛され、みなの自信につながります。結果的に洋服を作りすぎたり買いすぎたりしなくてすむのです！

カルチャーとしてのファッションはかっこよさの追求に気を取られ過ぎ、結果的にかっこ悪くなってしまっていることがあります。

すべての女性や男性が自分の身体に対する見方を変え、多様性を受け入れるために、ファッションは大きな影響力を持ち得ます。考え方を少し変えるだけで、大きな利益につながる可能性があるのです。

ー私たちは、ファッションがいかに矛盾していて、偽善的であるかを知っています。肌を白くする薬や食欲をなくす薬を飲むのがよいことだとも思っていません。しかし誰が内部告発者になるのでしょうか？　なぜ誰も状況を変えないのでしょうか？　消費者の反応がないからでしょうか？

消費者は手っとり早くものごとを変えたいと思うものです。そこで企業もそれに対応するために、即効性を追求しています。けれどもオール・ウォークスは、もっとじっくり時間をかけて活動しています。

私たちは最近、エジンバラに「オール・ウォークス・センター・オブ・ダイバーシティ」という教育機関を設立しました。そこでは大学やカレッジ向けに教材を開発・創造し、教育機関として新しい道を開拓する予定です。この教材で学んだ学生たちがそのアイデアを活かし、今後ファッション業界をどのように変えていくかを見るのが楽しみです。幸いピープル・ツリーのような会社が、フェアトレードビジネスに新たな可能性を生み出し、持続可能性のある変化を先導してくれていることにも希望が持てます。将来を見通すビジョンがすべてですから！

With thanks to Kayt Jones, Rankin and Nick Knight for All Walks Beyond the Catwalk campaign imagery.

www.allwalks.org

COURTESY OF LESLIE KEE

Leslie Kee

シンガポール出身のフォトグラファー、
レスリー・キー。
ファッション・フォトグラフィーを通じて
発信する社会へのメッセージ、
そして彼が考える、
ファッションの持つ力とは？

—フォトグラファーになったきっかけを教えてください。

私は父親を知らないんです。売春婦をしていた母はシングルマザーとして私を育てたのですが、私が13歳のときガンで亡くなりました。入院して２週間ですごく痩せてしまった母に、「誕生日プレゼント、なにが欲しい?」と聞かれて「カメラ」と答えました。私は赤ちゃんや子どもの頃の写真を１枚も持っていなくて、学校で友だちに見せる写真もありませんでした。７歳下の異父妹がいるので、せめて妹はそうならないようにとカメラをお願いしたのですが、それが生涯のキャリアにつながるとは思ってもみませんでした。カメラをもらって妹の写真を撮り始め、２ヶ月ほど後に母は39歳で亡くなりました。

14歳のとき、日系のラジカセをつくる工場で働き始めました。日本人と出会うきっかけになった運命と言えるかもしれませんね。私はラジカセをネジで留めて、パッケージに入れて、箱に詰めて、納品作業をしているところへ運んで。学校に行きながら１日４時間仕事をしてお小遣いを稼いで、自分の人生でやりたいことに使おうと、お金を貯めました。

６年半の間その工場で働いたおかげで、日本人の知り合いができ、音楽、ドラマ、映画、雑誌、文化、歴史…と日本について知るうちに、日本に行くという夢ができました。日本語を習得したいと。19歳からシンガポールで義務づけられている徴兵制に２年半参加して、その後２年８ヶ月のバックパックの旅に出ました。スペイン、ネパール、インド、ベトナム、カンボジア、ラオス、南アジア全域を、ゲストハウスに泊まりながらバックパック旅行。そして気づいたのは、私は人間が好きで、写真を撮りたいという気持ち。写真家になりたいと思ったんです。

—コマーシャル・フォトグラフィーで活躍されながら、作品に社会的なメッセージも込めようとされていますね。

はい。そこはとても努力しています。自分がこれまでもらったものに対してお返しをすることが大事だと思っています。アイデア、そしてチャンス。仕事を通じて、もっとたくさんの人と愛をシェアしたい。大事なのは人、観客、その人たちの声。声を聞きたいんです。みんなの笑顔が見たい。それを可能にするのは、ひとつの場所に集まり、たとえ１分であってもその時間を共有すること。それが人生を美しいものにする。

私にとって、カメラはみんなの美しい夢をつくり出すためのパワー。音楽、映画、ダンス、写真…どんなアートにも言えることです。

—フォトグラファーとして活動してきて、これまで一番わくわくしたプロジェクトは？

それはもう、大小さまざまなプロジェクトがあります。去年ティファニーと行ったチャリティプロジェクトでは、セレブリティ200人のポートレイトを集めた写真集をつくり、売上の1,500万円を赤十字を通じて東日本大震災の復興支援の義援金として寄付しました。

東京の著名な方をたくさん撮影させてもらって、２年半前に『Super Tokyo』という写真集を出したんですが、この写真集は自分の母に捧げたものです。母は39歳でこの世を去りましたが、写真集を出した2010年、私は39歳でした。プロジェクトをスタートしてから２年間、自分がその歳になるまでカウントダウンして、母と同じ歳で死ぬとしたら、これが最後の写真集になる、と思いながらつくった本です。東京は私にとって第2の故郷。ここに来て18年、今40歳なので、人生のほぼ半分になります。
東京は、自分では想像さえできなかった夢とチャンスを与えてくれました。アーティスティックだけれど主張のあるものをつくって、東京の人たちに捧げたいという思いで、みんなにヌード撮影をお願いしました。その背景にあるコンセプトは、人はみな裸で生まれてくるということ。誰もが赤ちゃんのときはまっさらで、成長するにつれてそれぞれの信条や夢を持つようになります。それに生まれたときはみんな平等ですよね。
それからさらに2年後に写真集『Mothers』を出版しました。出版日が母の日に近かったので、家族をテーマにして、できるだけ多くのお母さんを撮影させてもらうことにしたのです。お母さんというテーマは、私にとっての最重要テーマのひとつです。

—ファッションをより人間的にするには？　そして、あなたにとってのファッションとは？

ファッション業界では、クリエイターたちよりもむしろ、ファッションビジネスを牛耳る人たちがお金を儲けています。そして投資家が、巨額の投資を行います。有名ブランドのドレスは、たとえば50ドルで作れるものが、実際は10倍の値段で売られていたりする。結果として、とても高価になりますが、どうして私たちがそれをコントロールできるでしょう？　広告や宣伝、ブランディングにもたくさんのお金がかかっています。
ファッションはビジネスになってしまいました。以前は、もっと夢、ファンタジーのような要素があったと思いますね。だからファッションが好きでなくても、ビジネスチャンスを見込んで業界に入ってくる人たちもいます。結果として、お金のためには搾取もいとわない…私からしたらさみしいことです。もっと純粋に、ファッションを楽しめたらいいのに、と思います。
私にとってファッションは夢のようなもの。たとえば、女性が男性のように振る舞ったり、好きな服を着ることでなにか違うものになることができる。それで自信を持つことができるようになる。自信を持つことでいろんなことに挑戦できるようになる、それが私にとってのファッションの力です。

www.lesliekeesuper.com

COURTESY OF LESLIE KEE

Yoshiko Ikoma

日本のモード誌に社会的視点を取り込んだ
ファッション・ジャーナリスト、生駒芳子。
「エコ・リュクス」の提唱者が語る
日本のファッション業界とエコロジー。

ーファッション・ジャーナリストとしてエコロジーに注目したきっかけは？

この20年あまり、パリやミラノといったファッションの中枢部を見てきて、2000年ごろから何かが変わると直感したんです。ひとつは地球環境。パリコレの季節の気候が激変したんですよ。例年はコートやストールが必要だったのに、暑くて着ていられなくなった。これが続いたら今のファッション業界の体制では続かないと感じて、業界の観察を始めました。それがエシカルに引き寄せられた最初のきっかけです。それから2004年に雑誌『マリ・クレール』の編集長になってからは、社会的な記事をファッション誌に取り込むという新しい試みを始めました。社会的なトピックをリサーチしていく中で、ファッション業界が抱えている多くの問題に触れ、それが思った以上に深刻であることが分かりました。

ーその頃の日本のメディアやファッション業界のエコロジーに対する意識は？

当時はどちらにもエコロジーの意識はほとんどありませんでした。メディアに関しては、2007年にアメリカのゴア元副大統領が制作したドキュメンタリー映画『不都合な真実』が日本でも話題になり、それが日本の環境への目覚めの年だったと感じますが、ファッション業界はいまだにスローです。モードの発信地パリ、ミラノでも、チャリティーや社会貢献のイベントは多いのですが、ファッションは半年ごとに流行が変わり、トレンドで売るというのが大前提なので、生産現場を考えるという視点はまだ弱いですね。

特に日本のアパレル業界に関しては、既存の産業システムの構造がとても大きく、抜本的に手を加えることが難しいという印象です。ただ、一方で希望もあって、私が一番変化を感じるのは、消費者に近い小売りの現場なんです。例えば今年オープンした複合施設、渋谷ヒカリエも、オーガニックのコスメブランドがたくさん出店しています。販売の現場では、エシカルなものを求める消費者の声が照らし出されているのです。製造の現場や教育、メディアが遅れているのが現状だと思っています。

SAFIA MINNEY

ーー方では相変わらずブランド信仰とファスト・ファッションのブームがあります。

雑誌のつくり方が変わらない限り状況は変わりませんね。ファッション誌はどの国でも大手企業の広告で経営が成り立っていますから、急激な変化はとりにくいのです。編集者が新しい考えを持たない限り、なかなか抜け出せない。また、不況の時代にブランド物が売れるのは、経済が不安定になればなるほど、消費者の心理として価値が確定している物にお金を使いたいと思うからではないでしょうか。私が2000年に環境の変化を感じてから12年経っても、日本の産業構造は大きくは変わっていません。流行も構造も現実に起こっていることですから、その現実を大前提として考えることが必要です。
フェアトレードの認知度もイギリスが80%を越えている反面、日本は20%強になったところです。メディアや政府機関のバックアップ体制がないのも広まらない原因と考えますが、政府や行政の意識を変えるのは難しい。でも、希望は捨てないでいたい。むしろ、一般の人たちに期待をしたいんです。SNSが革命を起こせる時代です。消費者が力を持ってフェアトレードやトレーサビリティのある商品が欲しいと発言して、裾野から動いて、最終的に政府や行政、メディアが動くという形も考えられます。私は政府の「クール・ジャパン民間有識者会議」、日本企業が海外進出するための政策部会などにも出ているのですが、外国での市場開発は、その国に貢献できるという要素がないと難しいと考えています。WIN-WINで考えないと、ということです。ところが現状は多くの企業は、自分たちの生き残りにしか興味がない。経済の状態が悪すぎるというのも現実ですが、未来に向かうにはエシカルな視点が必要であり、それには長期的な視点が必要。経営者の方々には現状への対策と並行して、5年後、10年後を考えるビジョンも同時に切り開いていただきたいですね。

—生駒さんご自身のキャリアについて教えてください。

10代のころ、私には大きな関心がふたつあって、ひとつはロック。ひとりでコンサートに行くような追っかけ少女だったんです。ふたつ目が日記。今でいうティーンエイジ・ブロガーです。1日2〜3時間日記を書いていて、発信欲というのか、表現への欲求がとても強かった。それで大学を出て編集プロダクションに入り、2年間は写真を撮りながら原稿を書くという旅行雑誌の編集をしていました。その後フリーになって、マガジンハウスに売り込みにいき、『anan』の編集に関わりました。そこでファッションに目覚めて、自費でパリやミラノのコレクションを見に行くようになったんです。本場のモードを見なければ話にならないと思ったのですが、収穫は大きかった。10年間のフリー生活の後、出産を経て、今度は雑誌の編集部に入りました。日本のメディアは外部の人間が持ち込む企画書をほとんど受け入れない。フリーランスは頼まれた仕事をこなす、という存在。「いい企画のアイデアがたくさんあるのにーー」ともどかしく感じて。それで『ヴォーグ ジャパン』が創刊するというので売り込みに行って編集部に入りました。ヴォーグ4年半、エル・ジャポン2年半、マリ・クレール4年半と在籍して2008年に再びフリーランスに。マリ・クレール編集長をしていたときは、物や心の豊かさを楽しみながら、地球環境にも配慮するという「エコ・リュクス」の提唱など、社会的なテーマをファッション誌において共存させるという自分の企画が実現でき、とても充実した時期でしたね。

—これからジャーナリストを目指す人へメッセージを。

ジャーナリストにとって最も重要なことはふたつ。ひとつ目がスピリット。表現の技術だけではなく、自分にとって何が大切か、という哲学です。ふたつ目が時代を読み取る目。私の信条は「現場主義」で、生まれもっての追っかけ体質なんです。身の回りには情報が溢れていますが、時代の何歩か先を行く情報は人の中にしかないんです。二次情報を信じないで、必ず自分の目で確かめる。ネットの中には、過去や現実は溢れていますが、未来につながる情報は少ない。実際にいろんな場所に足を運んで、たくさんの人に会いなさい！ と言いたいです。三宅一生さんは70年代に「情報は自分のなかにある」とおっしゃっていました。リアルでライブな体験が、情報を運んできてくれる。究極の情報は、経験によって培われた直感なのです。

www.1oven.com/yoshiko_ikoma
cooljapandaily.jp

SAFIA MINNEY

Masaaki Ikeda

広告からソーシャルデザインへ。
コピーライター池田正昭が提案する、
新しい時代のデザインの仕方。

ーこれまでの経歴を教えてください。

大学卒業後、大手広告代理店に就職し、コピーライターになりました。当時80年代前半はバブル期の前で、戦後の経済成長が頭打ちになっていたんです。今後ビジネスは文化的な競争になり、成熟していくだろうと言われ、ニューアカ(ニューアカデミズム)ブームという、哲学や思想をおしゃれに勉強するっていうのが流行ったんです。糸井重里さんをはじめとするコピーライターが脚光を浴びていた時代。当時の広告は気づきを与えたり文学的な表現だったり、小説や詩を批評するのと同じように、広告を読み解くような文化があった。それで僕もコピーライターになりたいと考えたんです。でも会社に入ったとたんバブルになった。そうしたら広告のつくり方も一気に変わってしまって、情緒なんてどうでもよくなり、買え買えと言えばなんでも売れる時代になっちゃった。僕は欲しいものがなくて親から呆れられるような子だったんですが、自分に物欲がないのに、根拠もなく人に勧めることができなくて、向いてない仕事を選んじゃったと後悔しました。

イオングループで今も使われている「木を植えています」というコーポレートメッセージは僕の仕事です。イオンは完成したショッピングモールの周りに植樹をしていました。「木を植える」という行為はシンボリックで、会社や社員のありかたなどいろいろな事が伝わる言葉だと思ったんです。それに、このコピーは10年持つ。広告は、せっかくつくっても1年後には飽きられて、次の依頼がくるような世界。広告自体も消費されているんです。当時は「サステナブル」という言葉は使われていませんでしたが、このコピーは10年どころか20年も使われているので、まさに持続可能性を訴える事ができたと思います。

ーその後エコロジーや社会的な活動にシフトするきっかけは?

1996年から会社のPR誌の編集に移りました。メディアや社会の未来を考えるまじめな雑誌だったんですが、編集長になった2001年に、自分がやりたいプロジェクトを勝手に発表する媒体に変えちゃったんです。地域通貨「アースデイマネー」や環境問題に関するプロジェクトなど、自分がいいと思った企画を発信する場に。その翌年に会社を離れて地域通貨や打ち水大作戦などの活動に取り組むようになりました。アースデイマネーは今では渋谷を中心に約150店舗で使えるようになり、新しいビジネスチャンスも生まれています。そして2007年から港区の環境施設「港区エコプラザ」の指定管理者になりました。僕らのコンセプトは、エコ活動はハッピーでいこうよ! というものですが、エコプラザのメッセージにもなっています。

ークリエイターとして社会を変えたいと思っている人に、アドバイスを。

デザインなどのスキルでソーシャルビジネスを展開するには、まずはどこでも通用する能力を身につけること。普通のちょっと汚い世界でもまれる経験は必要です。そこで力を発揮できる自信をつけて。世の中はますます社会的な思考が必要になってきていますから活躍できる場は増えています。

eco-plaza.net
www.earthdaymoney.org

ーエシカル・ファッション・ジャパンの活動について教えてください。

2012年3月にオープンした、エシカル・ファッション情報のハブサイトです。海外と日本の情報を双方向に伝えるなかで、エシカルファッションのビジネスの場の提供と消費者への啓発を目指しています。ウェブサイトでの情報発信のほか、毎月のギャザリング(交流会)を開催して、エシカル・ファッションに取り組む人たちの情報交換の場を提供しています。

ー竹村さんがファッションを学んだイギリスと日本では、「エシカル」を取り巻く状況は違いますか?

イギリスはエシカルという概念の普及が日本より長いので、選択肢が多いです。また、エシカルに取り組む考え方が日本とイギリスでは違うことにも最近気づきました。例えば、フェアトレードやオーガニックといった製造過程に公正性を求めるイギリスの態度に対して、日本はボランティアや寄付といった「社会貢献」が重視されているということなどです。ですから、日本の企業にはまず社会貢献から取り組んでもらって、生産工程も変えて行ければと思います。

ーエシカルの概念を説明する難しさはありますか?

まさに、説明が難しいのでサイトをつくりました。「倫理的なファッション」と訳しても、その意味さえも伝わらないので、まずは「エシカル」という言葉そのものを覚えてもらい、それを「人と環境にやさしいファッション」「世界の誰かと繋がるファッション」などと説明しています。エシカルの考え方は人により違うので、こちらでは定義せず、アップサイクル、オーガニック、フェアトレードなど8つのカテゴリーで紹介しています。海外のバラエティ豊かなエシカル・ファッションブランドを紹介することで、日本の若いクリエイターにアイデアが生まれる助けになればと。

ービジネスとしての展望は?

非営利ではなく、ビジネスとしてクリエイターやほかの企業とともにやっていきたいと考えています。今の私たちの役割は「場作り」。例えば、デザイナーが発表する場であったり、バイヤーと交流する場であったり。ギャザリングには、そのようなエシカルに興味を持つ人たちが集まっているので、これを発展させて合同の展示会やPRイベントなどに繋げたいです。最近は日本でも新しいエシカルブランドが増えていますが、小さなところは市場へのアクセスが難しいので、そこをサポートできれば。皆さん取扱い先を探して一店一店電話で営業しているような状態なので。また同時に、エシカル・ファッションがおしゃれであることを業界にアピールすることも必要だと考えています。著名なフォトグラファーとスタイリストの協力によるフォトセッションを行い、ウェブで発表する計画もあります。日本のファッション産業にエシカルを広めるためには、私たちの仕事もチャリティーで終わらせられません。

SAFIA MINNEY

Io Takemura

日本にエシカル・ファッションを広めたい。
情報発信と場作りで
ファッション業界を変える。
Ethical Fashion Japan代表、竹村伊央。

www.ethicalfashionjapan.com

Miyako Maekita

環境問題から政治まで
わかりやすく伝え、「共感」で人を動かす。
クリエイティブ・ディレクター、
マエキタミヤコ。

―広告代理店での経験を経て、クリエイターとして社会問題に取り組むようになったきっかけは?

私は中高生の頃、「お金がないと幸せになれない」が持論の父との議論を通し、「お金の流れで人を幸せにする」ということに興味が出、大学では経済学部に進み、大島通義先生の財政学のゼミに入りました。学生運動でも活躍した大島先生のゼミは、経済を哲学的に研究していました。バックパック旅行ばかりしていた私の成績を心配してか、先生が「卒論はその旅行記を書いてみたら?」なんて冗談を言うくらいの自由さでした(笑)。そんな私が卒業後は大手広告代理店に就職。世の中に出たら、水俣病や公害問題など、私が大好きな自然を「経済なるもの」が壊しているという構図や御用学者の存在や、原因が明らかになった後もなかなか裁判で和解しなかったり、賠償金を値切ろうとしたり。そういう社会の体質をなんとかしなくちゃと思ったんです。1997年に子どもの幼稚園の保護者会で知り合ったお父さんが理事を務める日本自然保護協会の広告をお手伝いしたことがきっかけで環境NGOの広告作りに取り組み始め、環境広告会社「サステナ」を立ち上げました。

―深刻な社会問題をライトに伝えて、行動するまでに人びとのモチベーションを上げるには何が効果的だと思いますか?

「隠さない」ことが何より大事。これで問題の半分は解決すると思います。私は「人にはシンパシー(共感力)があるから社会は自由資本主義(レッセフェール)でうまくいく」と唱えた18世紀の経済学者アダム・スミスの考えはメディアが機能すれば正しいんだ、と言いたい。現在の資本主義はこの言葉を旗印に進んできたのだけれど、「シンパシー」は距離とメディア不全に阻まれて「ある」とは言いがたい状態です。泣いている人を見たら自分も泣いてしまう、というのが共感で、それは誰もが持っていると言われる「良識」に基づくもの。でもグローバリゼーションによって品物やお金の流れが見えなくなり、泣いてる人も見えなくなってしまった。自然が壊れるときもこっそり壊されるから分からない。日本は明治維新で民主主義になってからまだ150年たっていない。それまでは封建制度、ほとんどの国民は何も知らされずにきたの。だから、すべてを明らかにすることに自信がない。だからいつも隠し事がばれると「国民がパニックになることを怖れて」と言いわけする。明治、大正、昭和と悲しい事件が次々と起こったのは、そのリバウンドでもあると思う。特に3.11の後はさらにいろいろな事が明らかになりました。エネルギー政策もこれまでは、難しいから専門家に判断まで任せてしまっていた。でも、これからは、「普通の人」たちが専門家からたくさん話は聞くけど、「判断するのは私たち」。

そのために今こそ、社会問題にこそ「分かりやすく伝える」という広告のスキルを結集しないと。既成概念の枠を取り払って、普通の人がジェネラリストでスペシャリストになれるように、経済、法律、政治、環境、社会貢献、それから人権も平和構築も、あらゆる分野を串刺しにして伝えることが必要なんです。

―これから広告やメディアのクリエーターを目指す人に対してメッセージはありますか?

自分に求められている社会的なミッションを明確にしてほしい。儲けだけではなく、ボンサンス(良識)とか、人類としての品格についてのイメージがある人にマスコミやジャーナリズム、広告の仕事をしてほしいと思います。広告代理店でもクリエイターには仕事を断る自由があるし、クライアント教育もできる。社会に対して悪い事をやったらだめでしょう。企業、経済、政治にも倫理がある。嫌なことに加担するのは犯罪だから。

―震災後、マエキタさんの活動がよりアクティブになっています。

基本姿勢は前と変わらないのですが、やらなきゃいけないことがはっきりしてきました。震災以降、知らなかった事をいっぱい知ったし、政治的な発言とやらも、ひるんでる場合じゃないし、できるようになりました。日本の政治には新規参入と自由競争と既成概念の突破が足りない。政党だって作っちゃうよって言ったら、そうだそうだと言う人も多く、内心どこかで否定してほしかったのだけれど(笑)、みんなで「グリーンアクティブ」という命と環境と脱原発を旗頭に掲げた「日本版緑の党"のようなもの"」を立ち上げ、政治部「緑の日本」を作りました。日本は民主主義といいながら、参政権がないがしろにされている。立候補するのに600万円もの供託金が必要で、選挙に出たら離婚だ、破産だ、一家離散だ、とふつーに脅す人もたくさんいます。だから、お金持ちの人や二世しか立候補できない。だから、政治家としてふさわしい人が安心して立候補できるように、周りから供託金を借りるしくみをつくろうとしているの。「供託金600万円、周りから集めて、受かったら返す。受からなかったら返さない。集まらなかったら立候補しない」。

—どんな人に政治家になってほしいですか?

普通の人。「一番大切なものは普通の人の幸せ」と言える人。グローバリゼーションのメリットや経済的な利益のためではなく、ここで生きている普通の人のための政治ができる人。でもね今、普通の人って大体政治が嫌いなの。環境NGOとか市民活動をしている人は特に(笑)。これまで日本は選挙に勝つ政治家の評価が高くて、民意を汲んだり、対話しながら法律を作る政治家の評価はさほど高くなかったりする。

環境への取り組みも政治もセンスなの。パブリックマインドのセンス。ファッションに近いって言うと言い過ぎかな(笑)。これからは政治に意識があることがかっこいいと思います。やみくもに突撃するんじゃなくて、合理的に政策決定に関わることが普通の時代になるから。ドイツに緑の党ができたのが30年前。日本はこれから始まるところなんですよ!

sustena.org
green-active.jp
midori.to

SAFIA MINNEY

Rika Sueyoshi

「伝える」仕事を活かして
フェアトレードを広める
フリーアナウンサーの末吉里花。
「女性が活躍する場をつくることが、
世界をよい方向へ変える」。

―フリーアナウンサーとしてのキャリアは？

学生時代から活動しているので13年になります。大学2年でミス慶応に選ばれ、そろそろ就職活動という時に、今の事務所の社長から「シネマ通信」という映画番組で英語のインタビューの仕事があるからオーディションを受けてみないかと連絡をもらって。おもしろそうだなと思って、先のことを考えずに受けたら受かっちゃったんです。その後、テレビ番組「世界ふしぎ発見！」のミステリーハンターのオーディションに受かって、しばらくその仕事を。だから、なりゆきでこの仕事を続けてきたところがあるんです。でも、受けた仕事はどんなに小さなものでもとにかく全力でやってきました。いつも必ず誰かが見ていてくれるんですよ。ある意味、全ての仕事がオーディション。常に人から判断されている仕事です。

―アナウンサーとしてのトレーニングはしましたか？

放送局に入社すれば発声練習などあらゆる技術を指導してもらえると思うのですが、私は最初からフリーランスなので、受けたのはボイストレーニングくらい。現場で実際にものを見て、インタビューして、そこからわき上がる思いを伝えるという経験の積み重ねが一番の学びの場でした。海外ロケではぜんぜん声が通らなくて、「1回出直してこい！」と、何度も怒鳴られては泣いて。長期ロケなので、どんなにチームの空気が悪くなってもくたばらずにやっていかなければならず、それはとても大変でしたが、次のロケでは努力したことが必ず表れるんですよ。

―末吉さんの個性とは？

例えばテレビ番組のインタビューでは、質問はもちろん、相手のリアクションまで台本に書いてあることもありますが、私は自分がその場で思った事を言っていました。何かを取材したり、新しい人に出会うときには、自分が持っている知識とか枠組みのなかで景色を見たり、話すのはやめようと心がけているんです。「この国の人はこういう特徴がある」など先入観をもって取材すると、想像しないリアクションが返ってきたときに思考が停止して全くコミュニケーションがとれないんですよ。テレビを見ている人にリアリティを感じてもらうには、本などで得られるものを超えた表現をしないと伝わりません。そんな素になって表現した言葉が、私らしさに繋がっているのではないかと思います。

―フェアトレードや社会問題について発信するようになったのは？

社会的な問題に関心を持つようになったきっかけは、2004年にアフリカ大陸の最高峰キリマンジャロに登頂した時です。山頂にある氷河が地球の温暖化の影響で近い将来、すべて溶けてしまうと言われていて、それがどんな危機的な状況なのかを見にいくという企画でした。登頂前、麓の小学校を訪問すると、子どもたちが植林活動をしていました。植樹で温暖化を防ぎ、氷河を守らなければならないと。氷河は麓の人びとの生活用水になっているので、その消滅は死活問題なんです。子どもたちから、自分たちの代わりに様子を見てきてくださいと言われて、途中で気絶しながらもなんとか山頂まで登りました。私はそのとき初めて地球温暖化の影響を目の当たりにしたんです。氷河は昔と比べて約9割は減退していました。あまりにショッキングで、これから人生をかけてこのことを伝えていかなければいけないと勝手に使命感を持ったんですね。
また、2007年に雑誌『ヴォーグ ジャパン』で見つけたとてもかわいいワンピースがピープル・ツリーのもので、その出会いがきっかけでフェアトレードを知り、ファッションで困っている人たちを助ける事ができる、その思いに共感して、以来取り組んでいます。

―具体的にどのような形で取り組んでいますか？

テレビ番組をつくることが一番効果的だろうと、何人ものプロデューサーやディレクターに働きかけたのですが現状では難しいと言われて。日本のマスメディアは視聴率が取れるもの、お金になるものを第一優先にしているので、フェアトレードを扱う番組は弱いんです。震災後は視聴者の見方も変わっていますが、それでも残念ながら日本のテレビはまだまだだなと思います。その代わりにラジオ、雑誌、新聞など、やや小さなメディアで少しずつでも広げていこうと考えています。最近ラジオ番組で自分のコーナーができたので、フェアトレード、オーガニック、環境問題をテーマに話をしています。テレビは後で編集されるし、生放送であっても言えることが限られてしまうのですが、ラジオはかなり自由なんですね。そこを思い切り使って、今まで言いたかったことを発信しています。

あとはフェアトレードについての連続講座を定期的に開催したり、普段はもちろん人前に出るときにもフェアトレードの服を積極的に身につけて、広める努力も続けています。

SAFIA MINNEY

—フェアトレードを知って世の中の見方は変わりましたか?

メディア業界は、女性のディレクターやアナウンサーが活躍するなど、比較的男女の差がない世界なので気がつきませんでしたが、社会問題を通して世界と日本を比べると、まだまだ日本の女性は社会的な立場が弱く、活躍できるチャンスが少ないと感じました。フェアトレードの現場を見るために、サフィアさんと一緒にバングラデシュへ行ったとき、人間としての権利を持って、自分で働いて得たお金で自立した暮らしを送っている女性に会ったら、輝き方が違っていました。自分の稼いだお金を子どものために使って、子どももお母さんみたいになりたいと憧れる。女性が活躍できる環境を整えるということは、生活を成り立たせるだけではなく、持続可能な社会を作り出す要因だと実感しました。アフリカで出会ったある民族の女性が「世界のあらゆる戦争は男性が始めている。女性が話し合って解決したら世の中に戦争なんて起きないのよ」って言うんです。女性が発言権を持って活躍できれば、世界はよい方向に変わる。本当にそうだなと思いました。子どもを安心して産み育てられる社会をつくるのは、女性が活躍できる場をつくることと同じなんです。

—最後に、アナウンサーやレポーターを目指す人たちに向けてアドバイスはありますか?

自分の殻を破っていろいろなことを体験して、常にオープンマインドでいることが必要です。個人で勝負していく仕事なので、自分は何がしたいのかを明確にして進んで行くべきだと思います。与えられるものをただ読んだりその場を回すだけだと、すぐに飽きるしつまらない。自分の専門を見つけて取り組んでいくことが仕事を面白くすると思います。私の次の目標は、自分発信で何かやるということですね。

www.rikasueyoshi.com

UA

沖縄に住みかを移し、子どもと食べ物の未来にために活動する「ティダノワ」を立ち上げた歌手のUAが語る、平和の実践。

ーティダノワの活動について、教えてください。

ティダノワは、子どもたちの安全な食と未来を考えるネットワーク。2011年11月にスタートして、今年3月11日に「ティダノワ祭」という音楽と情報発信の祭りを開催しました。3.11の直後に沖縄に移住して、北部のやんばるに今は住んでいるんだけど、そこで農的な暮らしをしながらみんなでゼロからつくったイベント。その後は、勉強会を開催して、内部被ばくや、(震災の)がれき受け入れ問題とか、(高江米軍基地)ヘリパッドのことを勉強したりしてます。

ー沖縄に移住して、ご自身に変化はありましたか？

3.11後、「変わらないと先がない」と強く思うようになった。まずは自分が意識的に変わらなきゃ、と。自分の弱さを知っているからこそ、沖縄へ来たという部分もある。ここでは、見せかけが通用しない。沖縄独特のゆるさもあるんだけどね(笑)。そのコントラストがとても面白い。そして本質が浮き彫りになる。

あとは情報だけじゃなく、実践していくことが大事だから、家族と身近な人たちと循環コミュニティをつくるための土地を探しているところ。自分たちで食べる米と野菜をつくって、自給自足にできる限り近づいていきたい。洋服も、草木染めをしている友人がいて、藍なんかも栽培し始めているのだけど、これからは沖縄独特の素材も使って、いつか自給できるようになったら素敵だなと。

ー UAさんにとっての「愛あるファッション」とは？

安易かもしれませんが、すぐ思いつくのは、すべてがハンドメイドで、天然素材でできていて、低所得者層の人たちの犠牲のうえに成り立っていない服。とっておきの着物とか、たとえハイブランドの服でも、丁寧にお手入れして一生着続けるのも愛があるんじゃないかと思う。

ーフェアトレードを支援するわけは？

フェアトレードは、マネーゲームにおいて支配する側とされる側が混在するパラレルな現状の世界の中での、ひとつの平和運動。それをきちんとビジネスのフィールドでやっているのがすばらしい。私も歌手という仕事をしていて、まだ商業の世界からは切り離せていないわけで。現在あるしくみのなかで平和運動をしていくっていうところにすごく共感するし、敬意を表したい。

ー社会的なアクションを取るようになったのは？

1997年の最初の出産を機に、社会に目が向くようになった。1999年にリリースした『プライベートサーファー』はマヤ暦の研究家ホゼ・アグエイアス著『時空のサーファー』に影響を受けて、この星の危機を唄った曲。2000年ごろ、熱帯森林保護団体の代表である南研子さん著『アマゾン、インディオからの伝言』を読んで、毎日巨大な面積の熱帯雨林が燃やされていることを知ったことも、衝撃だった。それからは環境問題だけでなく、原発問題、米軍基地問題のアクションに関わるようになって、高江のヘリパッド反対運動は2007年から応援しています。オスプレイ配備についても絶対反対です。

沖縄に暮らしていると、戦争を感じない日はない。日本の面積の6%にあたる沖縄に、米軍基地の75%があるという事実を皆さん知ってますか？ ここは歴史的にもこれからも、戦争に巻き込まれやすい土地。だからこそ、国家の子どもではなく、地球の子どもたちを育てるために、いつの日か必ず花開くと信じて、確実にタネをまくしかないって思うの。

www.uauaua.jp
tidanowa.com

SAFIA MINNEY

Takeshi Kobayashi

市民バンクからコットン、食、発電まで。
幅広いプロジェクトで
命の循環する社会づくりに挑戦する
音楽プロデューサー、小林武史。

―音楽プロデューサーとしての活動に加えて、社会に対して発信する活動をするようになったきっかけは？

直接的なきっかけは、2001年9月11日のニューヨーク同時多発テロがあったことです。しかしそれ以前から、個人や社会的価値が「お金」に代替されすぎていると思っていました。9.11の後、人のせいにしないで自分のやれることをしよう、と考え始めました。

―小林さんが代表理事をつとめる市民バンク「ap bank」は、ピープル・ツリーにもこれまで約500万円の融資をしてくださっています。フェアトレードをより広めるために、お金の力でどんな変化が起こせると思いますか？

僕は、みんなが選ぶことによってしか世界は変わることはないと思っているので、意義や思いや物語も含めて、魅力あるものをつくってみんなに選んでもらうことが重要だと思っています。そこでお金は、代替するための道具になると思うし、結果として消費者が世界に変化を与えることはあり得ると思います。

―現在取り組んでいるプロジェクトについて、教えてください。

スタッフとともに、数年前から続けている「プレオーガニックコットンプロジェクト」や震災後に関わることになった「東北コットンプロジェクト」。そして「農業生産法人　耕す」や、レストランやカフェ、代々木ビレッジなどを運営している「クルック」を中心に、外部の優秀なシェフや農家さん、大手流通会社なども含めた「フードリレーションネットワーク」というプロジェクトを行っています。これは、命の循環がもっと見える社会の方が人は元気になれるという想いから始めました。2006年に始めたクルックの飲食店事業は、今では6店舗、さらに1店舗のフードストアを展開するまでになりました。これらの店舗と生産者さんをつないでフードリレーションネットワークを広げたいと考えています。他には「耕す」農場の南斜面を使ったメガクラスのソーラー発電プロジェクトがもうじき始まります。

―世の中に変化を起こしたい、と思っている人たちへアドバイスを。

僕自身は、変化を起こすことが最初の目的だったわけではありません。しかし日本という国は、確かに「今、当たり前であること」に依存してしまう傾向が強いと思います。いろいろ新しいことを正直な気持ちでやっても、なかなか受け入れられないことも多々あるかと思いますが、かならず仲間が生まれるし、連帯感のようなものも生まれてくると思います。その連帯感が結果として、よりよい未来に変えていこうとする人たちの大きな支えになって、一つの指針が生まれてくるような気がしています。

www.apbank.jp
www.eco-reso.jp
www.preorganic.com
www.tohokucotton.com
www.fr-network.jp

ap bankをはじめとする市民バンクや、グローバル・ヴィレッジの会員の皆さま、私募債保有者などの支援によって、ピープル・ツリーはフェアトレード事業の拡大に投資することが可能になります。詳しくはP.151のカコミをご参照ください。

―経済や時事問題へ発言をされるようになったきっかけは？

小説を書くとき、近未来小説を考えるとわかりやすいのですが、時代状況、とくに経済的な状況を設定しなければ、書けません。解雇されてうつ病になり自殺に追い込まれる人が多いわけですが、人間の精神は、イデオロギーよりも経済状況に左右されることが多くなりました。したがって、作家は、そのときの経済、社会的な状況を考慮して作品を書きます。その延長線上に、つまり小説執筆において考えたことを、リクエストに応じて、発言しているだけです。

―フェアトレードや社会的なビジネスを応援する理由は？

作家は、人間の精神の自由と、社会のフェアネスのために小説を書きます。だから、フェアなビジネス・経済活動をしている人、企業にはシンパシーがあります。ただし、重要なのは、ボランティアではなく、経済合理性に基づいた「ビジネス」ということです。

一般の会社は利益になることしかやらないところがほとんどですが、そういうところは少しずつだめになっています。それより、顧客や従業員のよろこびを第一に掲げているような企業が成功しています。これがフェアトレードのように、客と従業員以外に、世界の貧困層の人びとへと対象が広がれば、世界はもっと変わると思います。

― 3.11後に変わった仕事への価値観はありますか？

震災以前・以後と、原発などエネルギー政策を除けば、分断されていないというのがわたしの基本的な考え方です。外交、財政、社会保障、医療と教育、雇用など、震災以降で何かが変わったわけではなく、問題がより深刻化しただけです。だから、若い人は親の世代から学べるし、震災以降、たとえば働き方が大きく変わるわけではないと思います。この20年間、本当に優れた経営をしている数少ない企業だけが成功しています。今の時代に大切なのは、会社が大きくなるとか、利益を増やすということではなくて、サバイバルする、生き残ることです。

―ご自身の小説家としての役割は？

質の高い作品を書く、それに尽きます。わたしは、基本的に、小説を書くことが、社会との接点です。

Ryu Murakami

政治、経済、文化、社会問題まで
深い見識にもとづいた発言が
注目される、作家・村上龍。
フェアネスと、企業のあり方について語る。

― 20代の若者に、働き方のアドバイスを。

若者は、自分で考えて、働き方を決めればいいと思います。年収1億を目指して金融界で働くのも、社会貢献的なNPOで働くのも、それらは若者の自由です。ただ、人にはそれぞれ向いていることと、向いていないことがあるので、できるだけ早い時期に、自分に「向いていること」と出会う人が有利になります。

ryumurakami.jmm.co.jp

CHAPTER 4

ファッション業界のモデル改革

Remodeling the fashion industry

バングラデシュのクムディニ福祉財団にて、木製の型を使った手押し染め「ブロックプリント」の新しいデザインを考案中。

バングラデシュのタナパラ・スワローズにて、
手刺繍の様子。

Changemaker: Summer Rayne Oaks

「君のヒップは5cm大きすぎる」――
そう言われても環境問題への情熱を曲げることなく、
ファッション業界に正面から挑んだモデル
サマー・レイン・オークス。

CLAYTON HASKELL from "End of Bee Film" directed by Clayton for ABOVE Magazine

―ファッションとモデル業に、常識とは違ったアプローチがあるということに気づいたのはいつですか？

社会問題や環境問題についてより多くの人に知ってもらうために、もっとクリエイティブな方法がないかと模索していた頃です。ファッション業界は、その分野に未開拓の業界だということに気づいたのです。私にとってモデル業は、ファッション業界の内側からもっと勉強するための方法でした。

―最初からエシカルブランドのモデルをしていたのですか？

駆け出しの頃は、サステナブルなデザインと前衛的なファッションのプロジェクト「オーガニック・ポートレイト」の仕事をしたり、今はない独立系の無名エコファッションブランドのモデルをやったりしていました。世間の問題意識を高めるための啓発活動が大きな目標の一つだったので、雑誌に記事を書いたり、世界中のエシカルブランドのリストをまとめたりしました。そのうちに、みんなの中でも点と点とがつながっていったのだと思います。個人として、また社会に生きる一人として、自分の価値観に沿った行動ができるということを、ファッション業界の内外に証明したいと願っています。

―ファッション業界は「モラル」という言葉と結びつけにくいですね。

その通りです。最初に契約したエージェントで、私は環境問題への情熱を語り、自分の考えと同じ方針のブランドと仕事をしたいと伝えました。それに対して、エージェントはしばらく首をひねっていました。ファッション業界にとってのモラルとは、毛皮、タバコ、アルコール類に反対の姿勢をとったり、たまにチャリティ活動をしたりする程度です。

―そのファッション業界のあり方は、健康、多様性、福祉とどのように結びついているのでしょうか？

関連性がないと思うかもしれませんが、私から見れば、すべて関連しています。おもしろい話ですが、環境問題

に関心があることを最初のエージェントに伝えたところ、私の目を正面から見据えて「君のヒップは5cm大きすぎるから、仕事の80%はそのせいで断られるよ」と言われたんです。それには本当に驚かされました。やりたい仕事について正直な気持ちを話したのに、エージェントから返ってきたのは、スリーサイズについてのコメントだったのです！ あまりに短絡的な言葉でした。

私は彼に「私のヒップが5cm大きすぎるせいでやりたいことをやらせてもらえないというのなら、あなたは間違っています」と言いました。本気でした。減量するという意味ではありませんでした。ファッション業界自体、私が成し遂げたいことへの情熱に比べたらちっぽけなものだと言いたかったのです。自分自身と、選んだ道に正直でいたいと思いました。そのエージェントは個人的にはいろいろサポートしてくれましたが、先見の明がなかったと思います。単に時代遅れのシステムの洗礼を受けていたに過ぎなかったのです。

—ではあなたは、モデルは多様で、健康であるべきだと提唱しているのですね？

ええ、間接的に。常にそれについて主張しているわけではありませんが。例えば、多様性(サイズ、人種、体型)や個性をよく理解しているエージェンシー、NEXT Modelsに所属していることもそのひとつです。私は運動が好きで、曲線的な体型です。そして今やっているような活動基盤もあり、モデルとしては珍しいタイプだと思います。それを理解してくれるエージェンシーに出会えたのは本当に幸運です。

ーファッション業界の、環境問題や多様性への向き合い方をどう思いますか？

ファッション業界の「多様性」の扱い方は、ファッション雑誌の環境問題の取り上げ方とまったく同じです。

「ブラック(黒人差別問題)」特集については、今までファッ

MARCO CECIC-KARUZIC

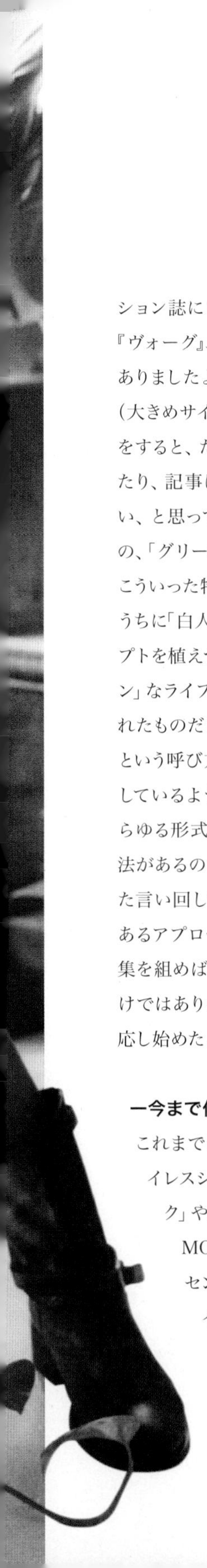

ション誌にも数多く取り上げられてきました。アメリカの『ヴォーグ』、『V』、『ヴォーグ イタリア』などの雑誌にもありましたよね。そしてフォトグラファーが「プラスサイズ（大きめサイズ）」のモデルを使ってアートディレクションをすると、たいていとっても細いモデルといっしょに並べたり、記事は体重のことにフォーカスしなければいけない、と思ってしまうようです。「ブラック」特集と同じ体裁の、「グリーン(環境問題)」特集もよく見ます。けれども、こういった特集を組むことで、メディアは読者に無意識のうちに「白人」と「黒人」は区別されるものだというコンセプトを植えつけてしまっています。そして同様に、「グリーン」なライフスタイルは、従来のライフスタイルとはかけ離れたものだという認識を生んでいるのです。「エコモデル」という呼び方にも抵抗を感じます。当たり前のことを誇張しているような印象を受けるからです。もっと自然に、あらゆる形式の美やグリーンなライフスタイルを称える方法があるのではないでしょうか。それはもう少し気の利いた言い回しで、教養やカリスマ性が感じられ、一貫性のあるアプローチでなければなりません。年一回大きな特集を組めば、残りの11カ月は知らん顔をしていていいわけではありません。ただ、ファッション業界も少しずつ反応し始めたようで、この状況は変わりつつあります。

ー今まで仕事をしたブランドは？

これまでいろいろなブランドの仕事をしてきました。ペイレスシューソースのエコ系靴ブランド「ゾーイ＆ザック」や、ポーティコホームのエコ系寝具やバス用品、MODOのエコな眼鏡、アビーノ・スマート・エッセンシャルなどの仕事もしています。また、リーバイス、デボラ・リンドキスト、リンダ・ラウダーミルクやその他多数のブランドの仕事をしました。オックスファムとピープル・ツリーの招待で、香港でWTO(世界貿易機関）の閣僚会議と並行して開催された、フェアトレードについてのトークイベントにも参加しました。そこではフェアトレード・ファッションショーにも出演しましたが、政治家にこんなショーを見せたのは、世界でも初めてだと思います。とても楽しかったです！ ピープル・ツリーが今よりも小さなブランドだったころ、モデルとして協力したこともあります。

ー現在、エシカルやフェアトレード・ファッションをさらに一般に広めるために取り組んでいる活動は？

サステナブル・デザインに取り組んでいます。Source4Styleという企業向けのオンライン市場を立ち上げ、デザイナーがよりサステナブルな素材やサービスを探すための場を設けました。ここでは、世界中の伝統工芸職人のグループや、仕入先などのネットワークを利用できます。このプロジェクトを一緒に立ち上げた私の親友、ベニタ・シンは、フェアトレードの仕入れの経験が豊富です。サステブルな原料を大規模に調達できるようにする必要性を、二人とも感じていたのです。

ーアメリカとイギリスでは、エシカル・ファッション、フェアトレード・ファッション業界はどう違いますか？

一般的に、アメリカはもっと商業的だと感じます。イギリスでは、多くのブランドがニッチなターゲット層に絞ってアプローチしていますね。イギリスのほうがファッション業界、そして人びとの意識ももっと進んでいるように思います。フェアトレード・ファッションが、アメリカの消費者のハートを掴むのは、まだこれからのようですね！

source4style.com
www.summerrayne.net

Eleni Renton

世界初のエシカル・モデル・エージェンシー
「Leni's Model Management」
のディレクター、エレニ・レントン。

ーレニズは、世界初のエシカル・モデル・エージェンシーです。心身の健康、細すぎるサイズ、人種問題など、モデルにまつわるさまざまな問題が指摘されていますが、実際にはどれくらい深刻なのでしょうか?

2008年に最初のイベントを開催してから、業界は大きく変わりました。エージェンシーを立ち上げた当時は「あなた気がおかしくなったの？　業界の潮流に逆らうことはできないのよ」と言われました。選択肢がないと皆が思っていたからです。最近は、他のやり方もあるのだと気づく人も増えてきました。それはとても大きな前進だと思います。

ーなぜそれほどまでに、業界を変えたかったのですか?

私は15歳の時、英TV番組「クローズ・ショー」にスカウトされました。当時はまだ成長期だったので、16～17歳になると体型は変わってきました。身長は変わらないまま、体型がよりふっくらしてきたのです。それは個人的には問題ありませんでしたが、モデルとしては大きな問題でした。レニズはプラスサイズのモデルエージェンシーというわけではありませんが、所属するモデルたちは健康的な体型だと思います。ほとんどのモデルが身長172～180cmでサイズはS～Mです。なかには少し減量が必要なモデルもいますが、絶食しなければならないほどではありません。身長180cmでヒップが81cmの人は、あきらかにどこかに異常があります。

最近は、男性のほうが大きな影響を受けています。11歳の男の子までがダイエットをするようになっています。私はカウンセラーと一緒に仕事をしているのですが、話を聞くと最近は男性の方が摂食障害の率が高いそうです。ファッションやビューティー業界では、メンズの分野の発展が今後大いに見込まれており、その結果「男性のルックスはこうあるべき」という信仰に追われるようになってしまったのです。それは、女性が何十年も通ってきた道でもあります。

次の難関は写真の「レタッチ」です。レタッチはそれなりに重要な役割を担ってきましたが、もはや常識を超えてしまった印象があります。現実味のない間違った「美」のイメージを発信しても、誰も幸せになりません。サイズの問題に関しては、メンズ・レディース両方において、もっと現実的にならなければいけないと思います。

ー自分の写真をレタッチされたモデルたちの反応は?

彼女たちは多少ならずとも疑問を抱き、傷ついていると思います。なぜあんなにレタッチする必要があったの？　私の腕に何の問題があるの？ 緑色の背景に合わせて目の色を調整するレタッチと、ヒップを細くするレタッチとではわけが違います。ヒップを細くするレタッチを施されたモデルが、「私のヒップっておかしいの…?」と疑問に思っても不思議はありません。

レタッチの範囲に規制があればいいのでしょうね。私はレタッチに関しては、過剰な賛成派でも反対派でもありません。状況によっては必要な場合もあるからです。例えば、ビューティーの撮影でモデルに吹き出物があれば、レタッチで消さなければなりません。それは当然のこととして納得できます！　しかし、それをコントロールするのが限界に来ています。例えば、ランコムのマスカラの広告のジュリア・ロバーツ。その修正の滑稽なことといったら！消費者も修正が施されていることを十分承知していると思いきや、実は意外とそれを知る人は少ないのです。レタッチをした写真には、どの程度修正されたのかを表す

PHOTOS MIKI ALCALDE AND SAFIA MINNEY

レニズのモデルたち。
ピープル・ツリーのファッションショーにて。

カイトマーク(英国規格院検査証。日本のJISに相当)のようなガイドラインが必要ですね。シャンプーの広告にヘアーエクステンションを使った場合には、それを明記する注釈を入れなければいけないのと同じことです。

—モデルを健康に保つには?

モデルたちは、深夜便の飛行機でイギリスに到着し、へとへとの状態でロンドン・ファッション・ウィークに向かいます。そして休む間もなくフィッティング。それは翌朝まで続くこともあります。そしてすぐにショーが始まります。その間に食べるものといえば、せいぜい菓子パン程度です。美味しくて健康によいものを食べるのは、難しいことではありません。それなのにこの業界ではモデルたちにはろくなものを食べさせず、痩せるよう厳しく要求します。悲しいことですが、それが現実です。

ファッション・ウィークでは、モデルたちが健康的な食事を摂るためのガイドラインが必要だと思います。モデルのBMI(体格指数)をチェックし、彼女たちが健康であることを確認します。クライアントや広告主にも同じことを実践させるとよいでしょう。

女性が見たいのは、自分でも達成できそうな憧れのボディ。モデルを見て「あら、彼女素敵ね。もうちょっとがんばれば私もこの人くらいきれいになれそう!」と思えるくらいがいいのです。

私たちのあるクライアントは、撮影前にモデルのBMIを測定し、21以上であることを確認しています。それはとてもすばらしい姿勢だと思います。エージェントはマネージャーであるべきですし、長期的なビジョンが必要です。私たちの商品は生きている人間です。私たちには彼らを守る義務があるのです。

—14〜16歳でモデル業を始める人にとって、最大の不幸は何だと思いますか?

私たちは17歳以上の女性モデルしか雇いません。16歳では若すぎます。14歳くらいのブラジル人少女モデルが日本や中国に渡って単身で働いているという話を聞くと、唖然とします。この業界は楽しい世界ですが、ダークな面もあります。脅すつもりはありませんが、幼い少女たちは簡単に社会的権力の餌食になってしまいます。

一人の男がすべての権力を握り、女性がキャリアのために権力乱用の犠牲になる構図は、ファッション業界に限らずどの業界にも昔からあることです。

20代の女性消費者をターゲットにしている広告に、14歳のモデルを使う必要があるのでしょうか? モデルの飲酒やドラッグの問題などは昔からありますが、その悪の根源を退治しない限り、状況は変わらないと思います。高級シャンパンや高価なバッグを次々に与えられ、華やかな世界を垣間見せられれば、若い子たちはすぐに誘惑に落ちます。外から見ると怪しい世界にしか見えませんが、14歳の女の子は「わあ、すごい! これこそ私の入りたかった世界よ!」とポーっとなってしまうのです。

—キャットウォークやファッション広告は、エシカルに変化していますか? 何を変えるべきなのでしょうか?

興味深いことに、混血のモデルの割合は、人口における混血人種の割合と比べて、33%も多いそうです。けれども黒人のモデルの割合は、黒人人口の割合と比べてずっと少ないそうです。西洋人種やアングロサクソンの消費者は、混血モデルには親しみがわくのに、黒人モデルにはそう感じないようです。混血の人たちには、いわゆる「人種的にあいまい」という言い回しが使われています。私の会社の一番の稼ぎ手は、黒人モデルと混血人種のモデルです。オリエンタル系、アジア系モデルの数は絶対的に少なく、イギリスでキャスティングするのはかなり難しい状況です。イギリスでは、「黒人の女の子」「白人の女の子」「オリエンタルの女の子」というカテゴリーで依頼が来ます。でも、「オリエンタルの女の子」という依頼の日本の広告に、タイ人のモデルを使うわけにはいかないでしょう。クライアントはもちろん日本人とタイ人の違いに気づくからです。黒人に対する認識はまだそこまで進んでいませんが、その人口の割に広告への出演率が比例していません。

一最近ではふっくらした体型のモデルを求めるクライアントもいるのですか?

肥満に関する討論を行ったことがありますが、興味深い統計があります。女性はサイズ14(日本の15号サイズ相当)以上の体型を見たくないそうです。体型、年齢、人種の多様性を表現する「ダヴ」の広告は、決して主流ではありませんが、初めて現実的な身体のイメージを打ち出した貴重な試みとして、大成功を収めました。今、女性が見たいのは、自分でも達成できそうな憧れのボディです。モデルを見て「あら、彼女素敵ね。でも私とそんなに変わらないわよね。もうちょっとがんばれば私もこの人くらいきれいになれそう!」と思えるくらいがいいのです。決して「ええ!? 私の下着姿ってあんな感じなの?」と思いたくはないのです。それはとても微妙な違いなのです。

一所属モデルをどのようにケアしていますか?

レニズでは、新入りのモデルのために1日ワークショップを行います。モデル業に関してのみでなく、自己管理の方法についても、丁寧に教えます。また会計士にもお金の管理の説明をしてもらい、カウンセリングのサービスもします。栄養学コンサルティング会社「フードドクター」の方にもトークに来てもらったことがありますが、とても有意義でした。彼の主題はいかにダイエットするかではなく、いかに「食べるか」でした。フィットネスやヨガについても教えます。服のサンプルを着こなすためには、モデルたちはある一定のサイズである必要があります。それぞれの理想のサイズや体型になるために、一人ずつ話し合い、各自に合った計画を立てます。他事務所の多くのモデルは、このような支援を受けておらず、十分な教育もされていません。それがレニズと他の事務所との大きな違いです。

—モデルになりたい人へのアドバイスを。

まずは学校の勉強をがんばってください。そうすればいつでも他の道に戻れるからです。そして、やはり性格がよくて会話が楽しめる人がモデルとしても人気が高いです。一日中スタジオで一緒に撮影することになるので、楽しい時間を過ごせる人と仕事をしたいと誰もが思うからです。そのためにも勉強は大切です。モデルを始めるのは18歳になってからでも遅くありません。資格を取るべきです。「14歳の今が君の旬だ」と勧めてくる人を、私は信用しません。それなら18歳になってもチャンスはあるはずです。14歳で始めてもワンシーズンで終わりかもしれませんし、そうするとたいしてお金ももらえませんから、そんな話は無視した方がいいですよ!

私の事務所にも2人大学生がいて、学業とモデル業を両立させています。彼女たちは6桁の年収を稼いでいるため(1千万円以上)、学費を全額払っても、まだ他にやりたいことができる機会にも恵まれていますよ。

一ファッション誌がさまざまな年齢層のモデルを使う日が、いつか来ると思いますか?

30代後半〜40代のモデルが、現在一般的になっている美のレベルに追いつくことは不可能だと思います。しかし人間は、みんな年を取るのです! あなたは15歳も若い姿に戻りたいですか? みんなTVの影響です。ニュースキャスターでさえ整形しているのが普通の時代です。そんな若づくりのキャスターより、表情豊かで人の気持ちを理解できるキャスターが読むニュースを聴きたいと思いませんか? 同じ問題が、社会全体で起こっています。今や、30歳で結婚していないと出遅れた感があります。ファッション雑誌のみでなく、我々の文化全体が抱える問題なのです。

一エイジズム(年齢差別)を超越するために我々に何ができるでしょうか?

「しわ」はちゃんと見せるべきです。また、もっと年齢の高いモデルも使うべきです。「グッドハウスキーピング」「レッド」など、読者年齢層がやや高めの雑誌ではそうなってきています。高価なものを買う余裕のある年代の女性たちのための洋服なのに、なぜ一回り以上も若いモデルに着させる必要があるのでしょうか? 個性、温かみ、趣味、教養などが顔に表れている、リアルな女性のイメージこそが求められているのだと思います。

※エレニ・レントンは、10年以上に渡ってモデル・エージェンシーを経営し、ナオミ・キャンベルなどの一流モデルと仕事をした経験をもつ。

www.lenismodels.com

Tafari Hinds

モデルからミュージシャンに転身したジャマイカ生まれのタファリが語る、「新しいクール」。

ーピープル・ツリーとエマ・ワトソンのコラボレーションやフェアトレードの理念に賛同し、積極的に関わってきてくれました。ファッションはあなたにとってどんな意味を持っているのですか？

ファッションは楽しいものでなければなりませんが、同時に安全である必要もあります。また、生活の一部でなければなりません。ですが残念なことに、ファッションには「消費」と「贅沢」という言葉が必要以上についてまわるのが現状です。僕は贅沢が大嫌いです。なぜなら僕たちの贅沢は、ひどい環境で搾取されて働き、生きていくための食べものを買うお金さえも稼げない多くの人びとの生活の上に成り立っているからです。そんなファッション業界のぞっとする現状を知って、ピープル・ツリーとエマ・ワトソンのコラボレーションに参加しようと思い立ったのです。

ー状況を変えるために私たちにできることは？

まずは広く伝えること。いろいろな活動に参加して、自分の主張を伝える手段を見出し、情熱を持ち続けること！
僕はフェイスブックやツイッターを使ってメッセージを発信しています。友だちは皆ファッションが大好きで、僕らにとってファッションは宗教のようなもの。ファッションは最高に魅力的ですが、ネガティブなものであってはなりません。途上国で搾取されている何百万人もの人は、地球の裏側で、その商品が5ドルでも5,000ドルでも関係なく買う人たちのために服をつくっています。そのことを考えたとき、僕たちはフェアトレードでつくられた、長持ちする洋服しか着ないと決意したのです。
僕は自分に問いかけました。「何もしないでただ生きるだけの人生に意味はあるのか？」
そしてこんなスローガンを作りました。
「贅沢せずにかっこよく」
「贅沢せずにセクシーに」
「自分らしく、クールに」
「I give a F*（大事だろ！）— それがクール」。

ー「I give a F*」ファッション！　ではキャットウォークについてはどう思いますか？　肌の色、性別、年齢、体型など、真の意味での多様性が体現される必要があるのではないでしょうか。

これについては常に考えています。僕らはみんな地球出身です。境界線はないのです。最近ではずいぶん変わってきたと思いますが、最後のタブーがまだ存在します。それは男女両性のモデルです！

ーではボディ・ファシズムについては？　モデルは肉体的にも精神的にもプレッシャーを感じています。ショーの前は何週間もまともな食事をしなかったり、世界中を飛び回ったり、早朝から夜中まで働いたり…。

そうですね。ほとんどの女性モデルはファッションウィークの数週間前からろくに食事をしません。そうすると仕事にも差し支えるし、勉強もままならない。何も機能しないのです。エリン・オコナーが主催する「モデル・サンクチュアリ（モデルの避難所）」では、モデルたちを守ってくれます。エージェンシーやクライアントは、モデルがここまでのストレスで苦しまなくて済むよう適切なケアを行わないと、後に重大な問題に発展することを肝に銘じておくべきだと思います。

ALL PHOTOS JONATHAN ROSE

一男性モデルは痩せたり、筋肉をつけたりするためにどのようなことをしているのですか？　エクササイズ以上のことが必要なのでは？

自分の体型を完璧にするためにかなり無理をしていると思います。そうでないと次のシーズンで使ってもらえないかもしれないから。体型を維持するために薬も飲んでいます。でもこんな状況はおかしいと思います。みんな立場を明確にして「NO」とはっきり言い、友達にも教えてあげるべきです。

一そんなにも無理をしてると知ったら、ご両親も悲しむでしょう。親は子どもに健康で幸せであってほしいと思っています。

そうです、僕の親だったらもう二度とモデルをさせてくれないと思います！　でもまだまだあります。男でも腹部のインプラント手術をしたり、顎の手術をして輪郭を整えたりします。整形手術の一種ですね。

一モデルはどうあるべきだと思いますか？

モデルは「自然に」美しく、スリムで、健康的であるべきです。がりがりに痩せて病的であってはなりません。元気で、楽しくて、セクシーでホットでないといけません！

デザイナーや広告主は状況を変えなければなりません。彼らに責任があるのですから。女の子は14歳でモデル業を始める人もいるくらいです。20歳になればもう仕事は入らなくなり、精神的に鬱状態になってしまいます。もっと年上の女性も使うべきです。少しふっくらしているかもしれないけれど、健康的でセクシーで、肌からも幸せがにじみ出ています。高級ブランドが先頭を切って変われば、ハイストリートのブランドも後を追います。高級ブランドには変化をもたらす力があるからです。

一モデル世代よりも年上の女性の方が購買力を持っていることは皮肉ですね。

そう思います。でも僕たちは若々しいルックスばかりを見せられています。僕らが年上の美しいモデルを使うことに満足できなければ、何も変わりません。

過去５年間のマークス＆スペンサーの広告では、様々な女性がモデルとして登場しました。その中の一人、ツイッギーはみんなの母親になれるくらい年上の女性ですが、とても魅力的でした。有名なモデルだけれど、彼女も普通の人間なのです。とても元気づけられました。

一あなたの考え方に影響を与えた人について教えください。

ファッションのメディアやモデル業には、文化の隔たりをなくす影響とパワーがあります。僕たちは新しい「かっこよさ」をつくり出すことができるのです。例えばグレース・ジョーンズ。彼女はブロンドのロングヘアーではなくスキンヘッドでとても恐い容貌でした。彼女は新しい分野を開拓したのです！　今ではジェンダーの論争を巻き起こしたアンドレ・ペジックのようなモデルがいたり、デザイナーのヴィヴィアン・ウエストウッド、フォトグラファーのニック・ナイトやスタイリストのサイモン・フォクストン、i-Dの編集者だったエドワード・エニンフルなどに影響を受けました。サイモンとニックはとても革新的で、ありきたりのことをせず、黒人やアジア人のモデルを誰よりも先に起用しました。二人ともスキンヘッドで、抑圧への反逆を表していました。彼らはそのエネルギーをファッションに持ち込んだのです。彼らは変化をもたらす能力を持っていました。そのことにすごく同感します。僕たちが新しい「クール」をつくりだすことは可能だし、きっとその日が訪れるでしょう。僕らはエネルギーに溢れているし、変化に対して準備ができています。これまで好き勝手やってきたことに世間が気づき始めました。ジャマイカに、自分のベッドルームで帽子を手作りしている友人がいます。彼のテーマは文化的な一貫性。彼の帽子の写真を見た人は皆「すごいかっこいいね」と言います。変化は状況をよくしていくのです。

僕たちが新しい「クール」を
つくりだすことは可能だし、
きっとその日が訪れる

タファリの所属事務所：FM Model Agency
twitter.com@tafari_Hinds

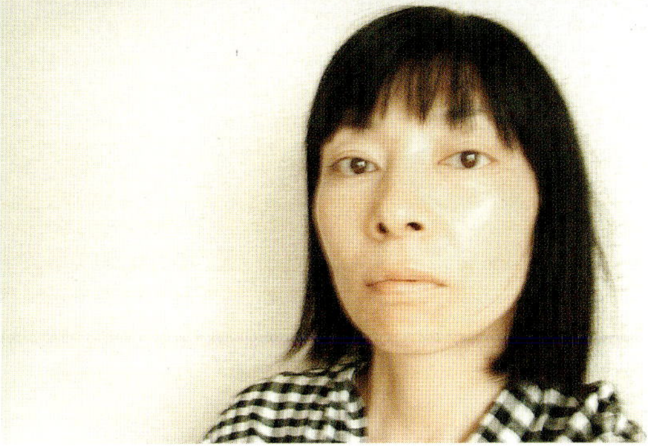
ERIKO SUZUKI

Eriko Suzuki

モードからナチュラル系まで
時代の空気感をとらえたスタイリング。
スタイリスト、鈴木えりこの
ファッションとのエシカルな向き合い方。

―モデルさんの個性、それから編集者やクライアントの要望に対して、どんなオリジナリティを加えていますか？

先方から感じたことをブランドや洋服に当てはめていくので、その「感覚」がオリジナリティになるのですが、口では言い表せないものです。受け取った空気感を自分におろしてきているという感じです。個性に対しては、盛ったり足したりするよりは、引き算のほうが好きで、なるべくその人の空気に馴染ませるようなスタイリングを心がけています。編集者やクライアントに対しては、彼らから受け取った言葉はもちろんですが、発するフィーリングのようなものを感覚的に受け取って、よりよく表現する方法を考えながら洋服を探したり、スタイリングしています。編集者やクライアントのビジョンは私にとってとても重要です。

個人的にはシンプルでフラットな感覚でビジョンを受け取れるように、ヨガをしたり食生活に気をつけるなどしています。

―新しいファッショントレンドを追い、広めることをどう感じますか？

以前はそれが仕事でしたが、個人的にはもうそれはあまり新鮮ではないと感じます。「飽きる」ことはサステナブルではないと思います。身にまとう布があれば生きていけるのが究極の真実で、それ以上を求めるファッションは娯楽であり贅沢で、それを楽しめる人間は地球上のほんの一部の人間だけ。最近そういうことを感じる人が増えていると思います。だからこそ、自分に本当に合ったものを選んで長く大切に着ることがより強く求められていくとおもいます。先日どこかに書いてあるのを目にしたのですが、ものに対しても、人に対しても、飽きないこと、長く関わり続けることは、精神的な成長、進化の現れでもあるようです。

―フェアトレード・ファッションのスタイリングは、コレクション・ブランドと違いはありますか？

コレクション・ブランドのベーシックなアイテムには計算しつくされたラグジュアリー感があり、普遍的で、20年着続けても飽きず、素材もほころびないすばらしいものがたくさんあります。「ものを大切にする」という観点から言えば、品質のよいものを長く着ることこそエシカルであるという考え方もあると思います。フェアトレードの商品をそんな視点で見ると、まだ課題が多いという意見もありますが、途上国の人たちのことを考えると、厳しい視点だけでフェアトレードを見てはいられないと思うようになりました。途上国の人たちに対してできることと、よいものを生み出すことの両立が理想的で、一流の方々がフェアトレードに関わることがもっと一般的になるといいなと思います。個別にピープル・ツリーだけを見ると、シーズンごとに東京ブランドと変わりないほどクオリティが上がっているのを感じます。

―ファッション業界に、どんな変化を求めますか？

ファッションには普遍性とクオリティと正当な価格、正しい循環を求めますが、それよりも、情報に振り回されないように、自分自身を善き方向に変えることが大切だとおもいます。

左写真、次ページ写真　スタイリング：鈴木えりこ

ピープル・ツリー 2013 春夏コレクション（スタイリング：鈴木えりこ）

PHOTOS SAFIA MINNEY

Redman and Rose

JONATHAN ROSE

次ページからの特集を生み出した
アンディー・レッドマンとジョナサン・ローズ、
２人のフォトグラファーによる
クリエイティブ・デュオ。

ジョンも私も、現場主義。私は学校で勉強してから、現場で学びたいと思い、インテリアスタイリストやフォトグラファーのアシスタントとして働きました。ジョンは著名なフォトグラファーのもとで技術を身につけ、それが今の２人での仕事にも活かされています。

どちらかというと、ジョンのほうが技術的な部分、私はクリエイティブのほうに強いという違いはあるけれど、作品のディテールはすべて２人で話し合って、撮影中も交互にカメラを持ちます。シャッターを押すその行為自体は、準備から撮影後の仕上げまでのプロセスの中の、ほんの小さな一部に過ぎないからです。２人のテイストは違うけれど、両極からお互いのよさを引き出すのが私たちのスタイル。

今回の撮影のために、何日もかけて準備をしました。特に力を入れたのがスタイリング。ピープル・ツリーのコレクションに、ヴィンテージや特注の小物、ジャンキー・スタイリングなどの服をミックス。すべてエコで揃えて、母なる地球のパワーを伝えられるように意識しました。冬の森を背景に、モデルたちのカラフルな衣装が映えるように、光の魔法がかかるように。

www.redmanrose.com

Clea Broad

カスタムメイドのコスチュームと小物を手がけるアーティスト、クリーア・ブロード。
今回の撮影のインスピレーションは？

彫刻を勉強した後に、衣装デザイン、そして最先端のフラワー・ビジネスを経験しました。アーティストとしてのインスピレーションは、自然から得ることが多いです。今回の撮影では、フェアトレード・ファッションの奥深さを、ヴィンテージやチャリティ・ショップでみつけた布、森に落ちていたものを使って見せました。

私にとっては、自分のスタジオが、一番落ち着けて、自分らしくいられるところ。壁にかかる、完成した作品や制作中のもの。棚には変わったものが詰まったビンが溢れかえっています。クリスタル、ビーズ、乾燥した花びら、サーキットボード。どんなものも収集したくなります。次にどんなプロジェクトが待っているか、わかりませんから。

ピープル・ツリーのコレクションをレイヤリングし、ヴィンテージのアイテムをあわせました。小物使いで、ファンタジーとドラマを生み出したかったのです。大量の柳の枝は、アンティークのリボンとあわせると美しいヘッドドレスになり、流線的な鹿の角を再現しました。いろんな色のリサイクル紙を丸め、貼り付けて襟をつくり、カラフルな刺繍が映えるブラックドレスに合わせました。実に楽しいスタイリングでした。モデルたちの身につけた衣装、そしてハミルトンによる最高のヘアメイクが森のロケーションに映えて、夢の世界に息が吹き込まれたかのようでした。

www.cleacreative.com

Forest and Fauna

ヴィンテージ、そして森でみつけた宝物で

フェアトレード・ファッションをスタイリング。

Photography: Redman and Rose
Styling: Andie Redman and Clea Broad
Hair and Makeup: Hamilton Stansfield
at SLR management
Photography assistant: Christian Bragg
Retouching: info@packhound.com
Models: Julia B, Elin and Vita @ Leni's

JONATHAN ROSE

JONATHAN ROSE

CHAPTER 5

サステナブルな世界をデザインする

Designing a new industry

バングラデシュのサイドプールにあるイースタン・スクリーン・プリンターズ（ESP）にて、ハンドスクリーンプリントの様子。

SAFIA MINNEY

Vivienne Westwood

地球を救う情熱に溢れるファッション・デザイナー
ヴィヴィアン・ウエストウッドに聞く、
ファッションと人類の未来。

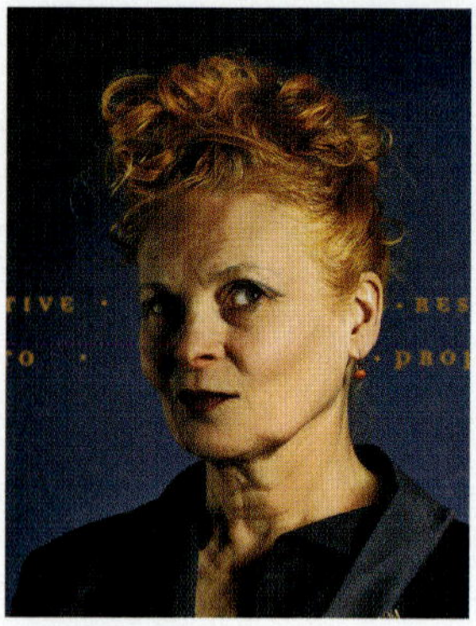

CHRISTAIN SHAMBANAIT

一ファスト・ファッションに対抗するには？　これから、ファッションはどうなると思いますか？

買う量を減らし、慎重に選び、そして長持ちさせるべきです。以前、「ファッションは憧れの対象であり、リッチな女性しか買うことができない」と言った人がいました。でも、今以上に人びとの格好が貧乏くさくてひどい時代はありません。彼らが身につけているのはファッションではなく、「GAP」と言います。ちょうどその人の耳と耳の間のギャップ(考えないこと)のように(笑)！　ファッションは人びとをよりよく見せるために存在しますが、最近はどこの店でもひどいものしか置いていません。合成素材の細い肩ひもがついたハイウエストのミニワンピに黒いレギンスを合わせても、全然かっこよく見えません。ケイト・ミドルトンですら、ハイストリート・ブランドの洋服を着て普通の女性になりたがっているのは嘆かわしいことです。女性は皆、非凡で特別な格好をしたいと思うべきです。それが私のファッション哲学です。

一非凡な女性とは？

ハイファッションを買う必要はありませんが、買うとしたらその洋服をつくる人びとが公正な賃金をもらっているかどうかを考慮してほしいです。ファッションのメインのコレクションは、香水やタイツなど、脇役的な商品の売り上げで成り立っています。衣料品は製造者からメーカーに原価同然で売られることがほとんど。これはまさに「Get a Life(人生やり直しなさい!)」のモデル。ファッションで状況を変えられます。気に入った服があればそれを着続けなさい。むやみに消費し続けるのではなく、自分に似合うものを見つけなさい。それが非凡である秘訣です。

一…そして人類の未来は？

地球温暖化はかなり深刻な問題です。人類の生き方を変えることになります。政府はもっと対策を打つべきです。私は中国政府に手紙を送り、対策を提示してほしいとお願いしたところです。　私は、中国のような国がリーダーシップを取るべきだと思います。こんな危機にも関わらず、企業は利益を出すことしか考えていません。この状況を変え、認知度を上げるために、何千というチャリティ団体やNGOが活動しています。これらのネットワークをすべてリンクさせ、もっと多くの人に参加してもらい、地球が暑すぎて居住不可能になるのを避けるために動かなければなりません。(世界地図の3分の1が赤く印されているのを指しながら)世界の気温が5度上昇しただけで、この地域すべてが居住不可能になってしまうのです。

一手仕事はなぜ大切なのですか？

機械は、本来人びとが余暇や文化により多くの時間を費やすために存在するものです。けれども、今やその正反対のことが起こっています。お金持ちはさらに裕福になり、恵まれない人はさらなる貧困に陥っています。人びとが一緒に座って働く場の雰囲気はいいものです。フェアトレードで洋服を作ることでそれが可能になるなんて、なんて素敵なことでしょう。もっともフェアトレードに関しては、洋服よりバナナのほうが皆さんには馴染みがあるかもしれませんね。

www.viviennewestwood.co.uk

雑誌『マリ・クレール』のエコ特集号のためにピープル・ツリーが手がけた、ヴィヴィアン・ウエストウッドのミニドレス。バングラデシュの非営利団体への支援金を集めるプロジェクトの一環として、30カ国のマリ・クレールで紹介された。

BRYAN ADAMS

ADAM BROWN

Orla Kiely

世界中で愛されるテキスタイルを生み出す、オーラ・カイリー。テキスタイルとフェアトレード・ファッションへの情熱について語る。

MIKI ALCALDE

ーファッション・デザイナーになったきっかけは？

小さい頃にミシンをもらったことが、すべての始まりでした！ 裁縫が大好きで、自分自身や妹の服をつくるために生地を選んだものです。また、小さい頃から常にアート、とりわけグラフィックの大胆な形や色に親しんできました。1960年代、70年代にアイルランドで育ったことが私のキャリアに強い影響を与えています。ダブリンのNational College of Art and Designで勉強する間に新しい世界や可能性が目の前に開かれていきましたが、最終的には自分が力を入れたいのはテキスタイルだということがわかったのです。デザイナーとしての活動が、じょじょにテキスタイルを特徴としたファッション、生活用品、そして香水にまで広がっていきました。

ーあなたのプリントは今や世界的に有名ですが、インスピレーションの源は？

デザイナーとして、たとえ無意識のときでも、常に自分のまわりの世界からアイデアを吸収していると思います。ロンドンの暮らしでも出張中でも、アイデアを得る機会は山ほどあります。プリントのインスピレーションの元になっているのは、毎日の生活道具のような小さなものから絵画、映画、美術展まで何でもあり。市場やヴィンテージの店を探索するのも大好きで、ヴィンテージの生地からもインスピレーションを得ています。

ー天然素材が好きな理由は？

天然素材にはすばらしい風合いがあります。ところどころに見られる不完全で素朴な表情は、生地の個性を引き立てています。私たちの製品に使っている植物性タンニンでなめした革は、時間とともに美しい味わいが出てきます。時

バングラデシュ、サイドプールにあるフェアトレード団体「アクション・バッグ」では150人の女性たち、「イースタン・スクリーン・プリンターズ」では30人の女性たちの雇用を生み出している。

を経て革はやわらかくなり、豊かな色合いが生まれ、バッグを世界でひとつの個性あるものに変えてくれるのです。

ーフェアトレード団体を支援しようと思ったきっかけを教えてください。

商品を持続可能で社会的責任のある製造過程でつくるということは、ファッション産業においてとても重要なことです。製品がどこでどのようにつくられているのかということに対して、すべてのデザイナーが責任を持つべきだと思います。

ーあなたがデザインしたバッグをフェアトレード生産者がつくっている写真を見て、どう思いましたか。

製造過程に伝統的な手法が入っているのを見てすばらしいと思いました。デザイナーとして製品がどのようにしてつくられているのかを自分の目で見ること、そしてチーム全員と密な関係を築くことは重要なことです。このプロジェクトではそれがしっかりと実現できました。

ー製品のデザインの機能性は、見た目と同じくらい大事だと思いますか？

機能的であることは私のすべての製品において不可欠です。美的に満足のいくものであるだけでなく実用的でもあってほしい。いつもお客様のことを想像しながらデザインしています。

ーオーラさんはどんな「環境にやさしい」生活を送っていますか？

プライベートでも仕事でも、できるだけエシカルでありたいと思っています。毎日仕事には愛犬のオリーブといっしょに歩いて通勤しています。これは最高のエクササイズ！　また、できるだけ飛行機にも乗らないように心がけ、休暇でアイルランドに行く時もフェリーを使っています。毎日の生活では簡易包装された地元産のものを選び、仕事では再利用できる包装を使って、商品を提供するように努めています。ベッド用品はすべて美しいプリントの箱でお届けしていますが、この箱は収納ボックスにもなり、繰り返し利用できるんですよ。

www.orlakiely.com

2013春夏コレクションより、オーラ・カイリーとピープル・ツリーのコラボレーション・アイテム

ODI CASPI

Peter Jensen

**ロンドンを拠点にする
デンマーク出身のデザイナー、
ピーター・イェンセンが考える
ファッションとエコロジーとは。**

ピーター・イェンセンとピープル・ツリーのコラボドレス。2013春夏コレクションで発売予定。

ーデザイナーになったきっかけは？

無限の可能性を持つ、母のミシンに夢中でした。金槌と釘を手にした大工と同じような気持ちだったのでしょう。隣の家の女性がサイズの合う服を見つけられずにいたので、小さい頃から彼女の服をつくっていました。そのお隣さんはサイズがころころ変わったので、僕は服をつくり続けました。

ー今日のファッション業界での変化は？

ファッション・デザイナーは多くの課題に直面しています。この10年で何かが起こったのです。製作期間がずっと短くなりました。僕の初めてのファッションショーには、インターネットもウェブサイトも関係ありませんでした。今ではコレクションはすぐにウェブにあがるし、すばやく販売できなくてはいけません。テクノロジーが発達したがために、今では年に6回ショーが開かれます。すべての生産をそれに間に合わせ、すごいスピードで製品を仕上げなくてはいけなくなったのです。

ーサステナビリティや使い捨てのファッションについて、どう思われますか？

僕が育ったデンマークでは、リサイクルは文化の一部。もちろん、その必要性は強く意識しています。今回ピープル・ツリーと一緒に仕事をすることで、新しいことにも意識が向くようになりました。その新たな分野で僕たちの会社が取り組みを強化することができるのか、オープンな気持ちで考えるようにしています。こういった学びは、コラボレーションによって生まれるメリットのひとつですね。スカンジナビアではつい最近、社会・環境正義に関するファッションの会議がありました。今はじっくり振り返る時です。現在の異常気象の責任は、私たちの行動にあります。

ーオーガニックコットンは水と土壌を守り、コミュニティの健康を守ります。フェアトレードでは、農家と生産者が労働に対して公正な対価を受け取ります。どちらがより大切でしょうか。

もちろん両方です。すべての人によい生活を送ってもらいたい。しかし自ら立ち上がろうとすることができる人間と違い、環境は発言できません。人間の手が環境を破壊しているのは明らかです。巨大なバスから制服を着た子どもたちが降りていき、フリーペーパーが駅のプラットホームを汚している。みんなあまり気にしていないようですが、その気持ちが理解できません。だからいつかこんな悪循環を止めることができる、と僕は信じたいのです。

peterjensen.co.uk

Tsumori Chisato

パリコレデザイナー津森千里が
ピープル・ツリーとコラボレーション。
手仕事とフェアトレードへの
想いを語る。

コラボレーションによって、世間のフェアトレードの関心が少しでも高まり、途上国の生活がよくなることを期待しています

以前からピープル・ツリーのショップに行っていて、手仕事の味のある商品が好きだったので、一緒にものづくりができれば楽しいと思い参加しました。2009年、2010年と2度コラボレーション企画に参加しましたが、世間のフェアトレードの関心が少しでも高まり、途上国の生活がよくなることを期待しています。

デザインにあたっては、ピープル・ツリーのとても着やすいリラックスした服のイメージを意識しました。味のある雰囲気を出したくて、バングラデシュの女性たちが手織りした生地を選びました。スケジュールのことなど普段のものづくりとの違いを発見して、手仕事の大変さを感じることもできました。出来上がったサンプルは完成度が高くて、ほとんど修正を加えませんでした。とってもかわいいものができたと思っています。

www.tsumorichisato.com

2010春夏シーズンに発表した、tsumori chisato for People Treeのドレス。

Keeda Oikawa

フェアトレードのファッションショーや
イラスト提供でコラボレーション。
画家の及川キーダが
イラストにのせるメッセージ。

世界フェアトレード・デー 2010のファッションショーでのライブペインティング。

ーピープル・ツリーのファッションショーでのライブペインティングが大好評でした。インスピレーションの源は？

構図はその場で生まれます(笑)。色は、その日のフィーリング。いろんな絵の具を持ってきて、なんでもできるような準備はしていて。今日はこの色をメインにしようと思ったら、その色を多めに。ファッションショーの時は、その場でモデルさんの着ている服を見ながら、舞台の背景であることを意識して描いています。

ーフェアトレードやオーガニックの素材で表現したいと考えた理由は？

ピープル・ツリーのフェアトレードに対する考え方に賛同したのと、あとはサフィアさんにお会いしたときのポジティブな笑顔(笑)。いい感じでものをつくり出せると、メッセージの伝わり方も変わりますよね。大切にものをつくって、売って、買って、着るという、その感覚がすごく素敵だなと思いました。そこに絵をのせられたら楽しいなって。

ーアーティストとしての出発点を教えてください。

絵を描く仕事をしようと決めたのは2歳のころ。子どもの頃から、ずっと描くことが好きでした。大人が集まるバーなんかにも子どものころからよく連れて行ってもらったんですが、お店の人がスケッチブックをくれたりすると、カウンターに座って、さっき行ったお祭りとか、バーの風景とかをその場で描いて。ライブペインティングみたい(笑)。大学では油絵が専攻でしたが、学校にはいろんな専門家がいるので、研究室を訪ねては暗室の使い方を教わったり、陶芸の窯を使わせてもらったり。自分の専門以外にもいろいろなことを教えてもらいました。

ーそこからプロになったきっかけは？

フォトグラファーのトシ・オオタ氏とのコラボレーション作品「mixed」のエキシビションがきっかけの一つです。日本で言うハーフの人たちをモデルにした写真とイラストのコラボレーション作品で、これまで100人を超える人たちの作品を描きました。ファッションモデルのようなルックスの方を描いたことで、ファッション誌のイラストの仕事も増えたり、たくさんの出会いがあり、作品を見たアートディレクターから仕事をいただいたり、そこから広がっていきました。

ーアーティストとして大切にしていることとは？

きれいな絵というだけではなく、この絵はここからインスピレーションをもらいました、と話せるようなメッセージを絵に乗せたいですね。それから、完成までのプロセス。クライアントやコラボレーションの相手との間で、お互いどれだけ気持ちよくできたか、ということを大事にしたい。丁寧に気持ちを交換して、5年後、10年後、20年後にも、これが私の作品だとちゃんと言えるような、そんな作品作りですね。

www.keeda.com

PEOPLE TREE

Bora Aksu

トルコ生まれのファッション・デザイナー
ボラ・アクスが語る、
真実と美、そしてサステナビリティの
必要性に目覚めた世界。

ーファッション・デザイナーになったきっかけは？

かなり幼い頃から絵を描いていました。他の子どもたちは、自然や家、妖精、山などを描いていたけれど、私が描くのは周りの人の絵ばかり。1970年代に生まれ育ったので、描く絵にも当時のファッションが反映されていました。

1996年にロンドンの芸術大学、セントラル・セント・マーチンズに入学しました。ファッションについては何も知らず、ドローイングのポートフォリオしか見せるものがなかった私に、彼らはチャンスを与えてくれたんです。もともとファッションについて学んでいたわけではないので、ファッションのしくみを理解するのに、ずいぶん時間がかかりました。

ーファッション・デザインを学びたい人へのアドバイスは？

なぜファッション・デザイナーになりたいのか、まず自分に問いかけるべきだと思います。ファッションが大好きだから？　情熱を持っているから？　9時－5時の仕事ではないから？　人生のすべてをかけたいから？　大学に行かなくてもファッション・デザイナーになることはできますが、セント・マーチンズのような一流大学の卒業制作展で得られるメリットは無視できません。僕の初めてのスポンサーやプレス関係のサポートは、卒業時のショーを通じて得られたからです。

一番大切なのは、自分の方向性を定めることです。デザイナーのインターンとして学ぶのもいいでしょう。現在のバレンシアガのデザイナー、ニコラス・ゲスキエールは、16歳の時、ゴルチエのインターンとして働き始めました。決まったやり方はありません。情熱を満たすために、自分にあった道を見つけてほしいです。

ー現代の多くの若者がファッション・デザイナーになりたがるのはなぜだと思いますか？

自己表現をしたいという気持ち、クリエイティビティの開花からではないでしょうか。あとは残念ながら、ファッション・デザイナーになれば富と名誉が手に入ると考えられているからでしょうね。インターンの多くは、現場で自分の手を使ってプロセスを一から学ぶのを嫌い、一足飛びに最終段階に到達したがります。ファッションショーはレストランと同じです。シェフはキッチンで料理を作り、客はダイニングでその料理と雰囲気を味わいます。客がキッチンのシェフの作業を見ることはありません。客はショーの会場に行き、洋服と雰囲気を楽しみますが、実際に誰がどんな作業をしているか、制作に何時間費やされたのかを目にすることはありません。客ではなくデザイナーになりたいのなら、コレクションが出来上がる過程に興味を持つことが大切です。

—あなたのデザインのアイデンティティを、どう定義しますか？

ロマンティックでフェミニンだけど、ダークな切り口。僕はバラが好きだけど、その色は黒であってほしいんです。バレリーナからインスピレーションをもらい、映画『シザーハンズ』のようなゴシック的要素をミックスしたりします。それらの要素を少しずつ混ぜ合わせていくんです。これはそれほど簡単な作業ではありません。とにかく試してみて、少しずつ調整していきます。シルクとコットンキャンバスなどまったく違った布を組み合わせてスタンドの上でドレープを作り、どのようにおさまるか確認しながら試行錯誤するのです。

—あなたはトレンドをキャッチする優れたアンテナを持っているようですね。トレンドブックに登場するようなデザインを、その1年前に発表していたりします。

（上段左から）
ボラの母親、ビルセン・アクス博士／モデル、ローレン・ゴールドが着る、ボラ・アクスデザインのピープル・ツリーのシルクドレス／ボラのメインコレクションから（画像２点）／ピープル・ツリーのイギリスでの10周年、日本での20周年を祝して、ボラがプレゼントしてくれたイラストレーション／バックステージで最後の仕上げをするボラ。

最近のファッションは、トレンドとはそれほど関係なくなってきています。それよりも、社会や世界のムードを反映させている部分が大きいです。トレンドはライフスタイルと密接な関係にあります。もし自分が何かに関わっていれば、無意識のうちにそれが作品に反映されるのだと思います。

一あなたのブランドを着る著名人は？

シエナ・ミラー、キーラ・ナイトレイ、コレクションを丸ごと買ってくれたトーリ・エイモスなどです。

一ファッション業界は、サステナビリティに注目し、商品作りに反映させるようになってきたと思いますか？

全世界が目を覚まし、真実や美を認知し、サステナビリティの必要性を感じていると思います。ファッションは長い間欲望を満たす道具としてしか見られていなかったことを考えると、この変化はとてもエキサイティングです。ファッションのみでなく、自然環境も経済も変化しています。そして自分の利益ばかり考えている場合ではないことに、人びとは気づき始めたのです。利己心は誰も幸せにしません。世界をよりよくするためにどうしたらいいか、みんなが考えるようになりました。

私たちはいつまでも、従来のように資源を食いつぶし浪費する形の消費活動を続けることはできません。私は今、50年後に着ても美しく見えるような、一生長持ちするものをつくりたいと考えています。ファッションは、より知的なレベルにシフトする段階にきています。常に消費することしか考えなかった時代は、終わりを迎えようとしているのです。

一あなたのコレクションは時代を超越している印象を受けます。しかしファッション業界では、年に２回コレクションを発表しなければなりません。業界の性質上、サステナブルでいることは難しいと思われます。この点についてはどう思いますか？　よいデザインを再利用することはできないのでしょうか？

全く同感です。しかしそれがファッション業界であり、そこには決まったスケジュールがあります。ファッション業界に入りこむには、そのスケジュールに従う必要があります。けれども、時代を超越したデザインを創り、よりサステナブルな生産方法を採用することによって、自分の情熱を示し続けることができると思っています。

一あなたは、ピープル・ツリーがヴォーグ ジャパンの企画でコラボレーションした初めてのデザイナーです。なぜ私たちとコラボレーションしようと思ったのですか？

フェアトレードに関わると、わくわくするからです！ そんな気持ちになることはめったにありません。すべてのプロセスが、私にとって大きなインパクトを持っています。美しいものを創り出し、それが人びとの生活やファッション業界にも変化をもたらす…なんてグローバルなプロジェクトでしょう！

現在、ピープル・ツリーとの7作目のコラボレーションの準備中ですが、今でもとても楽しんでつくっています。国と国との距離は、徐々に縮まってきているように感じます。ピープル・ツリーが、遠くの国の小さな村にまで目を配り、その村の職人やコットン農家の自立をサポートしていることは、本当にすごいことだと思います。関われば関わるほど、それがどれほど大変なことかがわかります。フェアトレードは、ファッション業界の通常のしくみとはまったく違うものです。フェアトレードを成立させるには、並みはずれた辛抱強さと思いやり、そして順応性が必要です。ですがその成果を見れば、その苦労の甲斐があることが実感できるでしょう。たとえば、まず職人たちのスキルを把握し、それからそのスキルを使って何がつくれるかを考えます。そのスキルが布の手織りなのか、刺繍なのか等を知り、何が制作できるのか見極めるのです。ファッションの世界では、何が欲しいか言えばそれが手に入るのが普通ですが、フェアトレードはそんな一方通行の取引ではありません。美しいものをつくることが皆の利益になるという、とてもインタラクティブな機能を持っているのです。

私はピープル・ツリーとつくった洋服にとても満足しています。普通ではなかなか手に入らない手織りの布やオーガニックコットンなどの素材を使用してデザインできたことは、とてもラッキーでした。いつか、ピープル・ツリーのフェアトレード生産者団体の村を訪ねて、彼らと一緒に作業することができたらいいなと思っています。

www.boraaksu.com

ピープル・ツリーが日本で20周年、イギリスで10周年を迎えたことを記念して、ボラ・アクスがイラストを提供。2011秋冬コレクションより。

SAFIA MINNEY

Jane Shepherdson

TOPSHOPのブランドディレクターから
ピープル・ツリーの理事になった理由を
「Whistles」CEO、
ジェーン・シェパードソンが語る。

ーあなたが早くからフェアトレードやエシカルファッションに注目した理由は？

私が「トップショップ」のブランドディレクターだった頃、製造者との関わり方についてさまざまな方法を模索していました。そして、サプライチェーン・マップの作成から買い付け過程の見直しに至るまでの、3年間のプログラムを立ち上げました。やがてフェアトレードのビジネスモデルについてもっと学ぶ必要性を感じたのです。当時ビジネス感覚のあるエシカル・ファッションを成立させている会社は、ピープル・ツリーをおいて他になく、デザインへの深い情熱と、自分たちのやり方に対する強い確信を兼ね備えているところがすばらしいと思いました。

ーファッション業界が、環境や社会に及ぼす最大の問題は何でしょうか？

購入され、捨てられる洋服の量です。ときには一度も着られないまま捨てられてしまうのは見るに堪えません。最近の不況で人びとの購買行動に変化が生まれるかと思いましたが、実際には安物を買う傾向がさらにエスカレートしているようです。ハイストリートブランドの低価格の洋服は、サステナブルでない上に非経済的です。また、こういう服を製造する大型工場の労働環境は受け入れがたいものです。その状況はあちこちで報告されているにも関わらず、改善されることはありません。

SAFIA MINNEY

フェアトレードの収益で運営される託児所を訪問するジェーン。

ーピープル・ツリーは、生産者に公正な賃金を支払い、サステナブルな生産方法を用いながらビジネスを成り立たせています。なぜ他のブランドはそれをやらないのでしょうか？

フェアトレード・ファッションの実現には、多大なコミットメントと知恵と資源とを必要とします。企業が手っ取り早く大きな利益を出し、株主にさらなる収益を期待されている現在のファッション業界においては、消費者が「社会や環境に配慮しない商品はもう欲しくない」と拒否しない限り、企業は変わる必要性を感じないのです。
ピープル・ツリーの理事を経験してわかったことですが、完璧なフェアトレードで服を製造販売することは決して容易ではありません。けれども、労働者に十分な生活賃金を支払うといった行動規範は、大規模小売業者でも導入することができます。消費者も、この規範の実行を後押しする必要があります。

ーエシカルやフェアトレードのブランドが巨大ブランドと対等に競うためには、何が必要ですか？

英国ファッション評議会のハロルド・ティルマンが提唱した、エシカルやフェアトレードの服には消費税を免除するというアイディアはすばらしいと思います。実現すれば、フェアトレードの服が持つ価値への認識を大きく変えることができるでしょう。

ー商品のプロモーションに大切なのは？

デザインと誠実さです。残念なことに、エシカル・ブランドの製品の多くは、デザインや仕立ての質があまり高くありません。質が高ければ、消費者は義務感からではなく、服そのものが気に入ってエシカルな服を買うようになるのです。

www.whistles.co.uk

Kenji Kajiwara

**フェアトレード認定原料も積極的に取り入れる
オーガニック・ヘルス&ビューティ企業「ニールズヤード レメディーズ日本」を率いる
梶原建二に聞く、企業が社会に果たす役割。**

ーニールズヤード レメディーズを日本で展開しようと思ったのは?
美と健康は個人の問題だと思っていました。25年前に初めてニールズヤードと出会い、それは我々を取り巻く環境と密接に関係していることに気づきました。そんな考えを日本でも製品を通じて広めることができればと思ったのです。

**ーソーシャルビジネスが果たすべき役割は?
特に3.11以降の日本社会で、企業が負う責任は?**
社会の倫理は、会社の倫理によって形成されると私は以前から思っています。会社がどういう人材を求め、どういう倫理が経営の基礎となっているのかが実はその会社の文化をつくり、それが社会の文化の全体をつくり上げていきます。だから会社は個人の模範となる文化をあらゆる意味において実施する事が重要なのです。特に3.11以降は。

ーエシカルなビジネスを始めたい人へアドバイスを。
多様性です。会社を運営するにあたっても、意見の違う人間をあえて組織に入れることはチャレンジですが、それが実は社会を表し、組織の成功につながります。

ーニールズヤードにはビューティー業界を変える役割があると思いますか?
ももちろんです。ニールズヤードをよく知っている人よりも知らない人の方が多いわけで、そんな多くの人が実際に購入して、使ってみて、よく見たらオーガニックで、環境にも配慮してこれだけのものができることを知ってもらえれば、ビューティーを通じて個人が環境にインパクトを与えることができると思ってくれる人が増えるからです。

ーピープル・ツリーのTシャツを直営店スタッフのユニフォームに使用するなど、フェアトレードを広めてくださっていますね。
それは同じ仲間だからです。方法が違っていても、目指す倫理は同じだからです。
頑張れ、頑張ろう、ピープル・ツリー。

www.nealsyard.co.jp

Tamae Takatsu

ショップ・プロデュースとPRから転身して
フェアトレード・ショップ
「LOVE&SENSE」を展開する、
高津玉枝。

ーショップの展開について教えてください。

ラブ＆センスはフェアトレードのセレクトショップです。世界中から素敵なフェアトレード商品を集めて、髙島屋や阪急、伊勢丹・三越などの商業施設でイベント出店しています。

生産現場である途上国に行くたびに、貧困問題の原因は、途上国の人たちにあるのではなく、私たち消費者が深くかかわっていることを痛感しました。

買い物の方法を少し変えるだけで、その問題にコミットできます。しかし、「近くにお店がない」という理由でフェアトレードに関心があっても購入しない人が50%以上にも上ります。確かに身近な所にはフェアトレード商品を購入できるお店が少ないですね。そこで私たちは、主に百貨店を中心にお店やイベントを展開しています。その時には、バイヤーや販売スタッフの方たちに向けてできるだけ勉強会を開催し、フェアトレードの意味や意義を伝えています。そうした取り組みがつながり、今では定期的にラブ＆センスを展開してくださる百貨店もあります。企業経営や流通業で実際に売り場作りや商品セレクトを行う人がコミットしてれることによって、普段の生活のなかでフェアトレード商品が購入できるような世の中になると思います。

高島屋大阪店で展開したラブ＆センス

ー社会的な活動をするようになったターニングポイントは？

以前マーケティング会社を経営していた時に、商品開発を通じて、安さや品質を求めすぎることが誰かのしわ寄せになっていることを感じました。日本でフェアトレードを普及したいと考えて2003年にオックスファムジャパンを立ち上げ、理事として活動したことで、日本にいてはなかなか入ってこない貧困問題についての情報や、その解決のために行動しているたくさんの仲間に出会うことができました。

ーフェアトレード商品を買えるお店を増やすためには何が必要でしょうか？

「社会貢献につながるからという理由で買うのは、2回までよね」と教えてくれたのは、オランダの友人でした。フェアトレードの先進国といわれている国でも商品開発・選定、接客やディスプレイなど、工夫しないと継続的な売り上げにはつながらないと。それではフェアトレードの原則の一つでもある継続的な支援になりません。

フェアトレードの店を経営するには、一般のお店と変わらぬプロフェッショナルな力が必要です。商品を整理整頓して清潔にみせること、価格帯が極端に異なる商品を並べて置かない、といった店頭販売の基礎ができていないために商品を売り逃している店舗もみられます。私たちは、ラブ＆センスの展開にとどまらず、ショップをプロデュースするノウハウをセミナーや研修などを通じて提供し、より多くのフェアトレード商品が日本で購入できるように、貢献していきたいと思っています。

www.love-sense.jp

―エシカル・ファッションを広めようと思ったきっかけは？
モデルの頃パリに語学留学していた縁で、パリからの輸入を中心としたセレクトショップを1999年から名古屋で10年間営みました。シーズンごとに次から次へと大量に新商品が生まれては消えていくことに疑問を感じ始めた頃、パリで始まった展示会「エシカル・ファッションショー」に出会い、すぐにエシカルを中心にセレクトすることにしました。以前から、自分の「好き」と世の中に「いいこと」が結びついたビジネスをとの思いがあったので、2010年エシカル・ファッション＆フェアトレードの輸入・販売・推進の「エシカル・ペネロープ株式会社」を設立し、2011年にセレクトショップを名古屋テレビ塔1階にオープンしました。ショップには、オフィシャル・サポーターを務めるJICAのプロジェクトで渡航し、繋げているアジアやアフリカからのフェアトレード商品から、ヨーロッパや名古屋のデザイナーが途上国の素材を生かしてモダンにクリエイトするものまで、世界中から思いやりの品々が届きます。貧困・紛争・災害などに苦しむ世界の人びとの問題を身近なファッションから解決したい…この思いを一人でも多くの方々へ届けるため、商品の質の高さやデザインの魅力を大事にしています。

―社会的な活動をするようになったターニングポイントは？
カカオ農場での児童労働をなくすためのフェアトレード・チョコレートのことを知ったこと。同じ子を持つ親として、心が震えました。「世界で起こっている問題の原因も結果も私に繋がっている」と感じ、何とかしたいと思いました。それまでの自分が培ってきた経験でもお役に立てることに気づき、お店でのフェアトレード商品の販売から始めました。

「世界フェアトレード・デー・なごや」等でのファッションショー

Satomi Harada

タレント活動のかたわら
セレクトショップ「ethical penelope」で
エシカル・ファッションを広める、
原田さとみ。

―名古屋が「フェアトレードタウン」に認定されることを目指して積極的に活動されていますね。
「フェアトレードタウンなごや推進委員会」としてさまざまな活動を展開しています。毎年「世界フェアトレード・デー」には、ファッションショー、音楽ライブ、トーク、ゲームなど多彩なコンテンツでフェアトレードを紹介しています。
また、フェアトレードから広がって、「エシカル＝思いやり」をテーマに講演や取材などの機会をいただき、エシカル・ライフをお伝えしています。これまでのファッションは、自分がきれいに見えれば素材の由来や生産地で誰かが犠牲になっていようが気にしない外見のおしゃれでしたが、これからは商品の物語性や背景を大事にし、自分の選択に社会的責任をもつ、内側から輝くおしゃれへと変化しています。日々、謙虚に思いやりを尽くして、清く正しく美しく、「ファッション」を通してフェアトレードやエシカルの思いを広げようと活動しています。

ethical-penelope.jp

2013春夏コレクションで実現する、フレームワークとのコラボレーション商品。

PHOTOS SAFIA MINNEY

フェアトレードの現場と買い手をつなぐ

(写真左から) ツアー参加者のみなさん。スワローズの小学校の生徒たちと／スワローズではた織りを体験する参加者／ TATAMIとのコラボレーション・サンダルのサンプリング／一行を花のレイで歓迎するプロクリティの女性たち

ピープル・ツリーをつくりあげる道のりは、人との出会いでもありました。活動を始めた1991年当初から数年間は、小規模で地道に活動を続けていました。私は一人で生産者を訪ねてデザインの仕事をし、発注書をタイプしたり到着した商品の通関をするのは、昼間の仕事を終えた夫の担当でした。今では素晴らしいスペシャリストのチームが、東京とロンドンで私と一緒に仕事をしてくれています。フェアトレードは、社会的な利益と自然環境、そして事業を成り立たせるだけの適正な利益のバランスをとりながら小さな村で手づくりされる商品を消費者に届ける、とても複雑なビジネスモデルです。このたいへんな事業を実現してくれる献身的なチームに感謝しています。

私は今でもデザイナーや技術指導スタッフと一緒に生産者を定期的に訪ね、生産者が戦略的に発展を遂げ、問題解決ができるよう手助けしています。今日私たちが販売している品の高い製品が生まれたのは、こういった定期的な訪問や、お客様からのきめ細かなフィードバックのおかげです。

フェアトレードがどんな違いをもたらしているのか、取引店のみなさんやお客様に、自分の目で直接見てもらえたらどんなに良いだろうと、生産者を訪問するたびにもどかしく思っていました。村の人びとと土壁の家でチャパティ(平たいパン) と豆カレーの質素な食事をしながら、児童労働、家庭内暴力、飢えといった、とてつもなく大きな社会問題を解決し、日本のお客様が求める世界一厳しい品質基準を満たすために生産者の人びとがどれだけ前向きで積極的に働いているかを見てもらえたら、と。

私にとってフェアトレードや責任あるビジネスとは、問題解決と楽観主義、そして長期的なパートナーシップです。2012年4月、私はバングラデシュへの出張に取引先の代表や担当者の方々に同行してもらうことにしました。15年以上取引いただいているフェアトレード・ショップの「風"s(ふーず)」、「INE(あいね)」、2013年春夏コレクションでコラボレーションする「FRAMeWORK(フレームワーク)」、サンダルのコラボレーションをしている「TATAMI(タタミ)」から参加した6名が、生産者パートナー「タナパラ・スワローズ」と「プロクリティ」でサンプルチェックや品質向上の研修に参加し、ついに私の夢はかなったのです。

「生産者の顔を見、暮らしや思いに触れることでものの価値を知り、大量消費のライフスタイルを変えることにつながる」と参加者の一人はコメントしてくれました。

Changemaker: Emma Watson

フェアトレードが起こす変化をその目で確かめるために
バングラデシュの生産者を訪ねた
英女優のエマ・ワトソン。
なぜ、フェアトレード・ファッションが大事なのか語る。

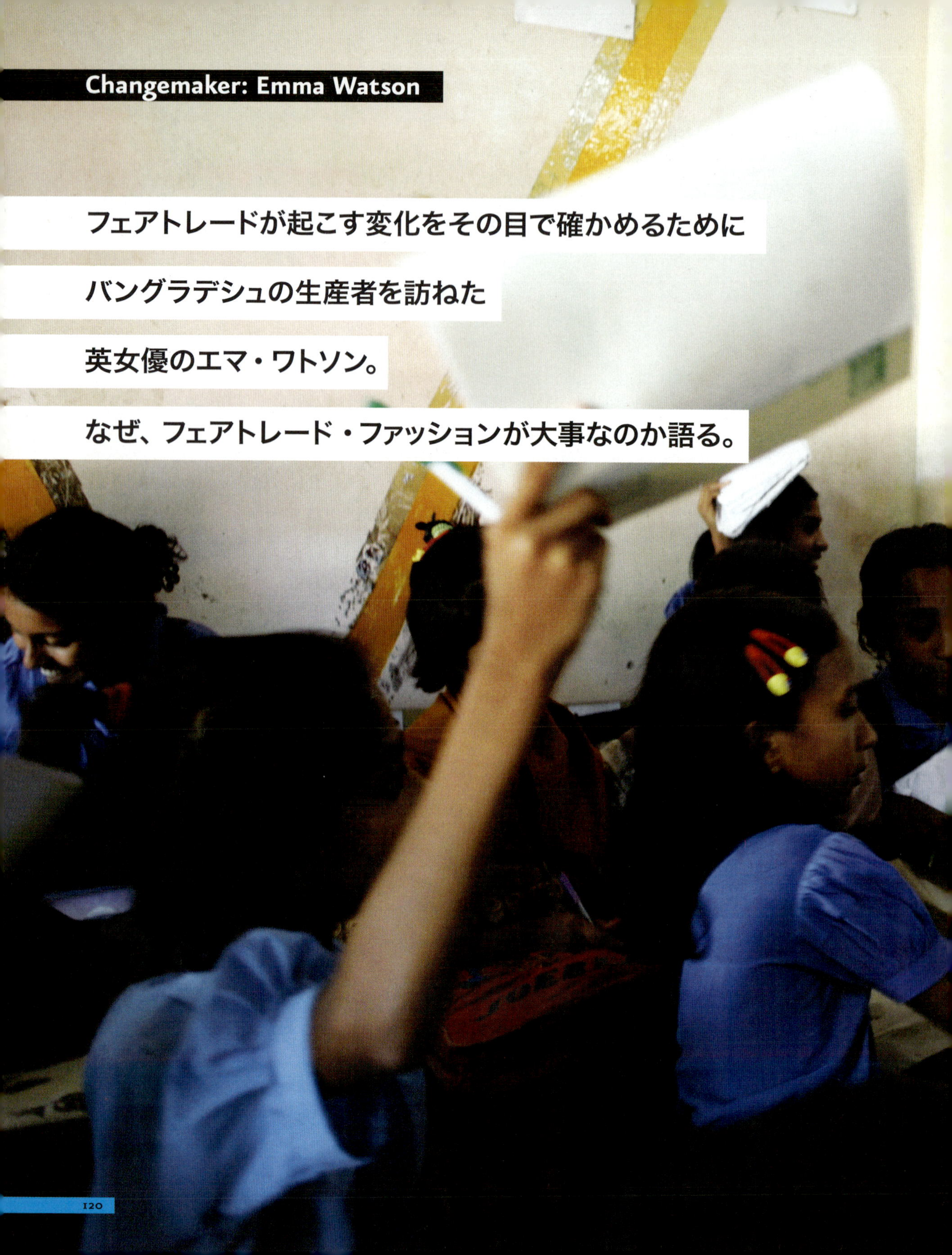

MIKI ALCALDE

バングラデシュで活動するピープル・ツリーの生産者パートナー「タナパラ・スワローズ」で働く女性たちを訪問した女優のエマ・ワトソンに、サフィア・ミニーがインタビュー。

―『ハリー・ポッター』の撮影をこなし学校にも通いながら、若者向けのフェアトレードコレクションをデザインする時間をどうやりくりしていたのですか？

私は、環境やそこに暮らす人びとを傷つける服を身につけたくありません。ハイ・ストリートで売られている服の、どれがよくてどれがよくないのかを知ることはとても難しく、若者が着ることができるファッショナブルでエシカルな服を探すのもひと苦労です。だから、私はピープル・ツリーといっしょに、エシカルでデザイン性も優れたコレクションを作ろうと思ったのです。

映画『ハリー・ポッターと死の秘宝』の撮影期間中にコレクションのためのミーティングを入れ、夜遅くまで仕事をすることもありました。撮影の合間にスケッチやペインティングをしたことも。服に描くキャッチコピーをタファリ（私の友人で、メンズ・コレクションのアドバイスをお願いしました）と考えているときも、ルームメイトのソフィーのワードローブをひっかきまわしているときも、あらゆるところからインスピレーションが湧いてきました。周りの友だちが、私のプロジェクトを熱心にサポートしてくれなかったら、このコレクションができあがることはなかったでしょう。ファッションが大好きだけれど、世界でもっとも貧しい人たちを、さらに貧しくするのではなく、少しでも力になれる服を着たいと思っているティーンエイジャーたち。今日でも、世界で生産されるコットンのわずか1%のみがフェアトレードでオーガニックだという事実は衝撃的です。

左：衣類品工場の労働者に自宅でインタビューをするエマ。上：エマのコレクションを生産するフェアトレード団体に対面。

PHOTOS MIKI ALCALDE

ーフェアトレード団体を訪問したいと思ったのは？

春夏コレクションでピープル・ツリーとコラボレーションをして以来、サフィアとバングラデシュを訪ね、フェアトレードが生産者の暮らしにどのような違いをもたらすのか、自分の目で確かめてみたいと思っていました。衣料品工場で働く人たちが暮らす、バングラデシュの首都ダッカのスラムと、ピープル・ツリーが支援するフェアトレードのコミュニティ「タナパラ・スワローズ」には、雲泥の差がありました。それでも、私たちが着る洋服をつくる人たちにとってフェアトレードがどんな意味を持つのか、伝えることはとても難しいと感じます。スワローズで働く女性たちは、フェアトレードの服づくりを通して貧困から抜け出し、自身や子どもたちに社会的な力をつけてきました。本当にその様子は感動的で、私も刺激を受けました。

ーバングラデシュでの体験、そして衣料品工場で働く人たちの自宅を訪ねたときのことを教えてください。

バングラデシュの首都ダッカに着くまで、何を期待していいのかわからなかったのです。きっと、とても人が多くて、暑いところなのだろうと思っていました。そして、実際にまず驚いたのは、騒音、そして、渋滞でした！到着後すぐに、衣料品工場で働く人たちが住むダッカのスラムに行きましたが、ここでも現実は予想以上のものでした。労働者が住む環境を見て動揺しましたが、そんな明らかな困窮の中にあるにもかかわらず、彼らの精神、そしてフレンドリーな応対に感動しました。

デイケアセンターの子ども達と一緒に過ごす

ーバングラデシュの労働者たちが生活賃金のためにデモをしている理由のひとつは、スラムでの生活状況があまりにもひどいから。スラムに住む人たちが、どんな設備のある住居で暮らしていたか、話してもらえますか。

設備と呼べるようなものはなかったのです。私が訪ねた建物の中には、シャワーがひとつ、洗い場がひとつ、床に穴を開けただけの「トイレ」がひとつありました。これをそのフロアの住人全員で使っていたのです。そのフロアには、8～9部屋があって、それぞれの部屋にひと家族ずつが暮らしていました。ひと家族が少なくても4人ずつと計算しても、32人がたったひとつのトイレを共有している状態なのです。

イギリスに比べて、バングラデシュの生活コストがずっと低いとしても、休む間もなく働いても、家族が十分に食べられるだけのお金にもならず、人間らしい暮らしをするには程遠いのです。彼らが求めている、最低賃金を週約1,400円に引き上げるという目標を達成できるように願うばかりです。もし実現したら、彼らの人生は大きく変わるでしょう。

ーそれから、NGWF（バングラデシュ衣料品産業労働者組合連合）の代表アミン・アミルルさんにも会いましたよね。

今回、アミンさんに会えて光栄でした。彼のオフィスや、資金やサポートがほとんどない中で彼が取り組んでいることを自分の目で見て、まるで彼がひとりで世界を相手に闘っているかのように思えました。彼が成し遂げようとしていることは、とてつもなく大きなことです。彼の決意は固く、衣料品工場労働者の待遇が改善されるまで、あきらめることはないでしょう。彼と話をしていると、心がつかまれるのを感じました。

ーピープル・ツリーの生産者パートナーである「タナパラ・スワローズ」も訪問して、フェアトレードが人びとの生活を変える様子を見ましたね。ここでは、できるだけ多くの女性を雇い、健全なコミュニティを築けるよう、すべて手仕事で服作りをしています。手仕事による服作りのプロセスを見た感想は？

「手作り」の本当の意味をほかの人にわかってもらうのに、いつも苦労します。シンプルな洋服一着をつくるのに、糸をつくり、それを染め、織り機にかけ、布を織り、さらに裁断し、縫製し、刺繍する。これらがすべて手仕事で行われているのです。ものをつくるために何が必要か、手作りの服がどんなに特別なものなのかを理解してもらうのは、なかなか難しいことだと思います。

ー「今は21世紀なのだから、手作りなんてしなくても、機械でつくればよい」と言う人たちがいます。そんな人たちに対して、何と答えますか？

私はダッカのスラムに行って、ファスト・ファッションのために工場で働く人たちが暮らす様子を見た身として、今の時代にこんな洋服づくりがあってはいけない、と言いたいです。彼らには何の権利もなく、家族の生活の糧を得るためだけに働きづめなのです。一方で人の手によるものづくりは、農村に仕事を生み出し、親たちは公正な賃金を得られるので、都市に出稼ぎに行くかわりに家族がいっしょに暮らすことを可能にします。人びとの自立を助け、尊厳を奪うことがないのです。

ー自分がバングラデシュの家族のもとに生まれ、衣料品工場で働いている姿を想像できますか？

スラムの工場に毎日通い、子どもと600マイルも離れて暮らす生活に、耐えられるだけの精神力を持てるか自信がありません。ダッカのスラムで女性にインタビューをしました。とても率直に「自分に希望は持てないのだ」と話してくれました。あのような状況で暮らし、少ない賃金しか受け取れない人たちに、望みを持つことはできないでしょう。しかしスワローズを訪ねてみて、もうひとつのやり

自分のコレクションのための機織りを体験する

PHOTOS MIKI ALCALDE

方があるのだということがわかりました。生活は質素ですが、清潔で、コミュニティがあります。家族がいっしょに暮らし、自分たちのしていることに愛情と誇りを持っています。こういったことの多くは、西洋にいる私たちが、当たり前だと思っていることです。スワローズは特別な場所ですが、途上国にもっとこんな場所が増えていくはず、と信じなければやりきれません。

―今回自分の目で現場を見たあなたから、同年代の若者に伝えたいことはありますか？

どうしたらみんなにフェアトレードの大切さを理解してもらえるのでしょうか。みんなに、他者を思いやり、フェアトレードが他の人びとの生活にどれほどの違いをもたらすのかを理解してもらうのは大変なことですね。もし、何かを買うときに、フェアトレードとそうでないものの選択肢があったなら、フェアトレードのものを買ってほしいです。それが世界を変える大きな変化につながるのですから。スワローズとダッカのスラムの暮らしの差が、そのことを証明しています。

トレンドを追いかけてばかりの人たちもいます。流行は2～3ヶ月ですぐに変わるので、新しい服を買って古いものを捨てる。でも、みんな、自分の持っているものを大切にするべきだと思います。フェアトレード団体でつくられた服を買えば、それがとても特別な所でつくられたことがわかります。つくり手の愛とやさしさ、誇りがつまっていて、ずっと着られるのですから。

―スワローズでは、生後3ヶ月から5歳までの子ども60人が通う託児所も見ましたね。そして300人の子どもが通う学校があります。しかもこの学校は、スワローズで働く女性の子どもだけではなく、コミュニティに対しても開かれています。これは、どんな変化を生んでいますか？

所得が低い家庭の子どもたちも、質の高い教育を受け、人生のいいスタートが切れる。女性たちは仕事の機会を得るだけでなく、男性と同じ賃金を稼ぐことができる。男女の平等があり、自信を持ち、自立し、尊厳を持って生きることができる。

途上国のことを気にかけているのなら、フェアトレードはお金を慈善団体に寄付するよりも意味があると思います。自分で貧困を抜け出すための機会をつくりだしているわけで、それこそが途上国の人びとが必要としているものなのです。

フェアトレードの意義を信じているし、世界中にもっともっと広がることを願っています。

カタログ用の写真をチェックしている様子。

SAFIA MINNEY

エマとピープル・ツリーのコラボレーション第1弾。

ANDREA CARTER-BOWMAN AT A AND R PHOTOGRAPHIC

ANDREA CARTER-BOWMAN AT A AND R PHOTOGRAPHIC

MIKI ALCALDE

CHAPTER 6

生産現場から販売までをフェアに

Fair Trade supply chain

インド・グジャラート州キッディヤ・ナガル村にて、フェアトレードのオーガニックコットン農家の方と一緒のサフィア・ミニー。

畑で採ったばかりのオーガニックコットンを手にするアムルット・チャルダ。

SAFIA MINNEY

フェアトレードのサプライチェーン

途上国の小規模生産者にフェアトレードが与えるインパクト、先進国ができる支援についてサフィア・ミニーが語る。

途上国でのファッションの生産過程は、いまや昔とは様変わりし、複雑になってしまいました。生産の各段階がより小規模な会社に下請けに出されるようになったため、サプライチェーンを管理、監視、認証することが難しく、透明性や説明責任を果たすことがとても難しいのです。

ファスト・ファッションの時代がくる以前は、サプライヤーとのパートナーシップが今よりも大切にされており、長期的なビジネスパートナーシップを前提に仕事をするのが当たり前でした。バイヤーからの長期的で安定した発注を前提に、サプライヤーは機材の改善や研修に投資し、労働者の労働環境や給与を改善することができていたのです。しかし、今日ではそのような取引関係は珍しくなってしまいました。ウェブサイトで自社の倫理的な取引のポリシーを高々と掲げ、幸せそうな労働者の写真まで載せているファッション・ブランドが、自社バイヤーには前年より安く、短い生産期間で仕入れるよう要求している、というのはよくある話です。ファッション企業で働く私の友人たちはよく言います。「もし大企業のマーチャンダイザー、バイヤー、マーケティング担当者が本気で力をあわせれば、本当の変化が生まれるだろう」と。同様に、衣料品工場の労働者たちを束ねる組合のリーダーたちは、バイヤーや工場監査官が労働者から聞き取りをするときは、工場の外で、工場のマネージャーたちがいないところで会うことを提案しています。

ETI(Ethical Trading Initiative：倫理的な貿易イニシアチブ）のような自主的な行動規範だけでは、ファッション業界を変えるだけの力がありません。工場の監査自体が、適切に実施されていないという現実があります。監査官が到着する前日に、それぞれの階級の労働者が自分の給与をいくらと申告しなくてはいけないか、経営陣からの通達があるというのも実によくある話です。

労働条件と賃金を実際に改善するきっかけとなったのは、衣料品工場労働者たちによるデモです。ピープル・ツリーとグローバル・ヴィレッジは、貧困問題の解決を目指すNGO、War on WantやAction Aidとともに啓発キャンペーンを行い、消費者からも状況の改善を求める声が高まりました。2010年、長年の抗議活動によりバングラデシュの衣料品産業の最低賃金は10年ぶりに上方修正され、約2倍となったのです。

アジア、中南米、アフリカの地域を問わず、フェアトレードのものづくりの中心は常に、伝統的なテキスタイルや手仕事によるものでした。しかし、デザインや技術に関するアドバイスをする流れができていなかったために、市場で競争力を持つファッションアイテムが出てきたのはつい最近のことです。ファッションという、ライフサイクルの短い製品に関して、技術指導と発注を継続的に行いながら、農村でものづくりをすることには多額のお金がかかります。一般の、大量生産されたファッションと競争すること自体、とても大変です。

1995年、日本のピープル・ツリーとフェアトレード団体Traidcraftは、エコ・テキスタイルのプロジェクトに取り組みました。ヨーロッパでアゾ系染料を使った製品を禁止する、新たな規制が始まるのを前に、フェアトレードの生産グループが安全なアゾ・フリー染料の取り扱いについて学ぶための支援をしたのです。また、コットン農家が収入を増やし、オーガニックに転換するための支援についても模索を始めました。フェアトレードでオーガニックのコットンを供給してくれたのは、インドの「アグロセル」のような、農家から公正な価格でコットンを買い取り、地域開発も支援することを目的に設立された社会企業です。

オーガニックとフェアトレードという2つの認証があれば、「農民の収入は通常より30%増え、安定した価格により農家のリスクが減る」とアグロセルのサイレシュ・パテルさんは言います。社会企業として、「自分たちのオーガニック&フェアトレード・コットンは、できるだけフェアトレードの支援を受けた手織り職人たちに供給して、彼らも仕事を得られるようにしたい」のだそうです。そんな想いから、アグロセルとピープル・ツリーはパートナーシップを組み、アグロセルのオーガニックコットンを初めてバングラデシュに輸出し、手織り職人たちに届けました。その結果、見事な製品ができあがりました。しかし、農村にあるフェアトレードのグループは、輸出加工区にある大きな工場が受けられるような税制上のメリットを享受することができず、コスト面で継続できなくなってしまいました。ピープル・ツリーは現在、バングラデシュのフェアトレード生産者団体のために一括で糸を仕入れ、将来的にはオーガニックでフェアトレードの糸をインドから輸入しようとしています。インドのコットン農家とバングラデシュのフェアトレード生産者団体の両方を支援することができるプロジェクトです。

WFTO(世界フェアトレード機関)に加盟するフェアトレード団体は、WFTOの定めたフェアトレードの指針を守りながら活動しています。指針を遵守できているか確認するため、定期的にソーシャル・レビューを行い、個別に審査も行うことが求められています。ピープル・ツリーは、バングラデシュの生産者パートナーたちがビジネスの力とスキルをつけるための、フェアトレードの枠組みをつくっています。いったんそのプロセスが検証され、マニュアル化することができたら、他のファッションブランドが農村のフェアトレードグループと取引をしたいと思ったときにも活用できるでしょう。もしファッション業界が労働者の条件を改善し、雇用を増やす意思があるのであれば、物事のペースを変え、取引の関係を見直さなくてはなりません。

先進国の政府は、ファッション業界の悪い商習慣をやめさせるよう規制し、フェアトレードやエシカルなファッションの拡大のために、さらなる投資と支援を行うべきです。現在、ファッション企業は、サプライチェーンのどこの部分においても、環境と労働に対して法的責任を負っていません。エシカル・ファッションにかかる関税や消費税を下げてサポートするしくみがあれば、市場の熾烈な競争を公平にするのに大きな効果があります。多くの困難にかかわらず、エシカル・ファッションのパイオニア的ブランドは状況をよくしたいという思いにもとづいて前進を続けています。しかし、本当の変化を生み出すには、フェアトレード商品を選んで買う人がもっと増えることが必要です。

MIKI ALCALDE

バイヤーと生産者が長期的なパートナーシップにもとづいて取引をするのが、サステナブル・トレード。

ピープル・ツリー製品のマークにこめられた意味

製品の背景や使われているスキルをお伝えするために、ピープル・ツリーのカタログやウェブサイトで使用しているマークをご紹介します。

WFTO(世界フェアトレード機関)

WFTOは、途上国の立場の弱い人びとの自立と生活環境の改善を目指して活動する世界中のフェアトレード組織による国際的なネットワークです。世界75カ国・450以上の団体が加盟し、情報を共有しながら公正な貿易の普及に取り組んでいます。

衣料生産のオーガニック基準

GOTS(Global Organic Textile Standard)はオーガニック・テキスタイルの世界基準。原材料がオーガニックであるだけでなく、生地の生産・加工や保管・流通のすべての過程で環境的・社会的な基準を満たした商品に認証が与えられます。
ピープル・ツリーは、英国の代表的なオーガニック認証機関Soil Association(ソイル・アソシエーション)よりGOTS認証を得ています。

'organic'
Certified by
Soil Association

オーガニックコットン

Control UnionやEcocertによるオーガニックの世界基準を満たして生産されたコットンを95〜100%使用した製品。農家の健康を守り、土地や水を汚染から守り、持続可能性を高めています。

手織り

手織りで服をつくることにより、機械織りに比べて10倍の雇用を生み出すことができます。また機械から手織りに替えることで、CO_2排出量を手織り機1台あたり年間1トン減らすことができます。

手編み

服や小物を手編みすることで、つくり手の暮らしが向上し、さらにウールやバナナ、シルク、ヘンプなどの糸をつくる仕事が生まれます。

手刺繍

文化的な慣習から家の外で働くことが難しい女性たちに雇用の機会を生み出します。また、伝統技術の継承の支援につながります。

ブロックプリント

職人が手彫りで模様をほどこした木版で手押し染めをする技法。職人の雇用が創出され、味わい深いプリントが生まれます。

手仕事

織りや刺繍といった手仕事によって、世界中の途上国の農村に暮らす職人や、自給自足の生活をする農家が、生活の糧を得ることができます。インドとバングラデシュだけでも、手織りで生計を立てている人が1,000万人もいるのです。機械ではなく、手織り機を使って布を織ることで、CO_2排出を手織り機1台あたり年間で1トン減らすことができます。つまり、先進国の消費者が手織りされたフェアトレードの布を買うようになれば、何百万もの家族が貧困から抜け出し、子どもを学校に通わせることができるようになるだけではありません。石油ではなく人の手と体からでるエネルギーを使って布を織ることで、温暖化の進行を遅らせることもできるのです。

手仕事によって、農村に暮らす、経済的にもっとも弱い立場におかれた人びとが人間らしい生活を送れるようになり、仕事を求めて家族と離れて都市に出て行かずにすみます。だからこそ、フェアトレードでは手という資源を使って布を織ることを推進するのです。

産業革命以前に戻ってすべての服づくりを手ですることはできないにしても、世界中の辺境の農村地域では実現できるはずです。インドの村やラオスの丘陵に暮らす先住民のグループは、コットンを有機栽培し、短い繊維を手で紡いで糸にし、小さな手織り機で布をつくることができるでしょう。それから布を天然の藍で染めることで、布をより丈夫にし、多くの場合直線で切っただけの布を組み合わせて服に仕立て、手刺繍で装飾するのです。こういった服づくりのプロセスは比較的簡単に支援し、モニタリングを行い、認証することができます。フェアトレード団体の中には、同じように、手仕事を活用しながら地域ですべてをつくりあげるところもあります。

フェアトレードのサプライチェーンは、手仕事を大切にし、大きな可能性を見出しています。手仕事が付加価値を与え、ほかにないユニークな製品ができあがります。同時に、より多くの人びとに、メリットをもたらすことができるのです。

左から右へ：自然の中で育ったアルパカの毛を、ペルーの先住民が手で紡いだ糸／ラオスの養蚕の様子。シルクの生産が家計を支えている／オーガニックコットンの巻かれたボビン。質のよいオーガニックの布はここから生まれる／草木染めの伝統的な技術を復活させるバングラデシュのタナパラ・スワローズ。染められた糸と染料に使用されるホルトキの種。

左から右へ：機織にかける糸を巻いているロクサナさん／スワローズで手織りをするアイーシャさん／インドのサシャが支援するグループ「ブリンダバン・プリンターズ」では職人が手彫りでプリントの木型をつくる。

左から右へ：インド、グジャラート州ブジの伝統的な手刺繍／インドでバティックプリントをほどこす様子／伝統的な模様を手でブロックプリントしている様子。インド、コルカタのブリンダバン・プリンターズにて。

左から右へ：ネパール「ニュー・サドル」でつくられるボタン。骨のボタンに手作業で文字を刻む／木の実、ココナッツ、貝、骨など、生分解する自然素材からボタンがつくられる／ペルー、プーノの先住民の女性たち。手編みのセーターを編むために、オーガニックコットンとアルパカの繊維を手で紡いでいる様子。

Producer profile: アグロセル

アグロセルは、インド国内の5つの州で、小規模農家の支援を行っています。農家の数は40,000を超え、そのうち約95%が、耕作から収穫まで機械をほとんど使わず、手で作業をしています。労働集約型のプロセスと、フェアトレード&オーガニックの農業は、最大数の雇用を生み出します。

この写真に写っているのは、グジャラート州ラッパのコットン農家の方たち。1,005の家族がフェアトレードの支援を受けており、672家族がオーガニック認証を取得しています。2009～2010年、この地域の農家に払われたオーガニックとフェアトレードの割増金は、それぞれ2万ポンド(約245万円)と6万7,000ポンド(約820万円)。この割増金が、コミュニティに大きな違いをもたらします。ラッパでは、地元の人たち約1,600人の飲料水、生活用水の唯一の水源である貯水池の修復に使われました。

Producer profile: アグロセル

アグロセルのプロジェクト・マネージャー、サイレシュ・パテルに聞く
フェアトレードとオーガニックが農民の暮らしにもたらす違い。

一農家の作業風景を教えてください。

ほとんどの農家では去勢牛を使って手動で土を耕しています。トラクターは大きな農家しか持っていません。去勢牛だと1エーカーを耕すのに2日以上かかります。種まきは手で行うため、5～6人の農民が一日がかりでやります。種はまく前に天然肥料でコーティングします。天然肥料には牛糞、水、肥沃土かバイオカルチャーが入っていて、窒素を土に吸収させる働きがあります。これと種を混ぜ合わせてコーティングします。

一化学殺虫剤の代わりに何を使用していますか?

殺虫剤を作るのに2～3日かかります。植物のニームを使用します。ニームの葉と油に発酵したバターミルク、牛尿と水を混ぜ合わせます。1リットルの殺虫剤に20ml のニーム油を使用し、収穫までに4～5回噴霧します。1エーカーの土地に必要な量の殺虫剤をつくるのに、1日強の時間がかかります。

一アグロセルが活動を始める以前、農家の人びとはどのような暮らしを送っていたのですか?

農家は孤立した状態でした。砂糖のような基本的な食品を買いに行くことが1日がかりの上、コットンを市場で販売してもフェアな価格で売れず、立場も弱くなっていく一方でした。

一人口抑制に成功している中国とは異なり、インドの人口は増え続けています。「人の手」がインドの最も重要な資源だと言われますが、これに関して有機農業はどのような役割を果たすのでしょうか?

インドは何十年も農業を支えにしてきました。ほとんどの職業は農業に関わるものですが、状況があまりにも悪いためすぐにでも改善させないといけないほど深刻な問題になっています。コットン農家は収穫がよくないため、高価な肥料や殺虫剤を購入せざるをえなくなっています。フェアトレードなどを通じてきちんとした計画をたてて開発を行えば状況を変えられると思います。

一今後インドの人びとが欧米を見本とし、物質的な豊かさをどんどん求めて行くという懸念はあると思いますか?

インドの文化は欧米と違います。大人数の家族がともに村で暮らしていることが、コミュニティの絆を深めています。例えば村の床屋は私たちの家族の一員のようなものです。家族の男性全員の髪を切り、結婚式など家族の大事な儀式には必ず出席します。彼が病気になれば、私たちが面倒をみます。もう何世代も続いている関係です。お祭りの際には彼に贈り物をします。このような関係はコミュニティでは珍しくありません。物質的なものではなく、このような人間関係が大事なのです。

一アグロセルはピープル・ツリーとともに、バングラデシュの農家への有機農業の指導や、手織りの素材として、オーガニックコットンをバングラデシュに輸出しています。工場に高い値段でコットンを売ることができるのにそれをせず、私たちを手助けしてくれる理由は?

手を使った生産はコミュニティを支えます。私たちは農家

PHOTOS SAFIA MINNEY & MIKI ALCALDE

のみでなく、労働者、手織り職人、染め職人、刺繍職人など様々な人びとの手助けをしたいのです。インドでは近代化によって職人達の状況は悪循環に陥っています。新しいスキルを学ぶのは若者だけで、年配の職人は新しいスキルを学ぶ時間もありません。そのかわり、熟練した職人は伝統的な技術を持っていて、それを活用することができます。

アグロセルはサステナビリティと地域の発展に大いに関心を持っています。手織りは機械と違い、環境に悪影響を加えません。農家の去勢牛は草を食べ、糞をし、農家はそれを肥料として活用します。機械は石油を必要とし、二酸化炭素を排出し、地球を汚染します。だからこそ手仕事の技術をサポートすることが大事なのです。

ーアグロセルは「ガンジーの経済学」に従って活動しています。もしガンジーがあなたの隣でピープル・ツリーのファッションショーを観たら、どう感じたと思いますか？

難しい質問ですね(笑)！　もしガンジーがその場にいたら、洋服が完全に手仕事でできていることに誇りを思ったかもしれません。「もっと多くの人がこれをやれば問題解決につながる」と思い、喜んでいたかもしれません。

ーフェアトレードとオーガニック。農家にとって最も重要なのは？

私たちがサポートしている小規模農家に関して言えば、技術的な指導と農業投入物を的確な時期に、また種を適正な価格で供給することが生産効率や利益率を改善できると思います。それはオーガニックに移行することと同様重要なことです。

ーあなたにとって一番の幸せとは？

インドでは、所有物が幸せをもたらすことはないと信じられています。幸せとはお互いを助け合い、共に暮らして行くことです。世界は一つの大きな家族です。皆が助け合えば、幸せは皆に訪れます。

ーあなたはニームの木の下で寝ることがあると最近言っていましたが、お金では買えない贅沢ですね！

そうです、とても暑い日には自宅の庭にあるニームの木の下で寝ます。エネルギーを消費しないし、元気を回復するのにも最適です。お勧めします！

女性の自立を支援するフェアトレード 〜 プロジェクトオフィサー、バヌベンさんに聞く

「フェアトレードの割増金は、女性の農民達たちの自助グループも支援しています。セルフヘルプグループは5団体あり、メンバーは74名ほど。それぞれのメンバーは貯金制度に加入し、自らの銀行口座を開設します。そうすることにより、女性たちはお金の管理に関する知識を身に付け、貯蓄をして今後の計画を立てられるようになります。

女性に健康管理や読み書きの教育をし、よい堆肥のつくり方や、綿の汚れを落とし質を高める方法などを指導します。夏など女性がもう少し時間に余裕がある時期には、一日に2〜3時間読み書きの勉強をします。ここのような田舎では、女性は家族以外の人と話す機会があまりありません。そのためグループでの訓練は生活に変化をもたらしてくれます。また農業や手工芸の施設を訪れるツアーも設け、女性たちの仕事のチャンスを増やしています。」

オーガニックコットンの山に座る、グジャラート州出身のモデル、サンギータ。着用しているのは、オーラ・カイリーとピープル・ツリーのコラボレーションによって生まれた、オーガニックコットンのドレス。

SAFIA MINNEY

Producer profile: タラ・プロジェクト

インド、デリーに拠点を置くタラ・プロジェクト は、小規模手工芸生産者グループを保護し、支援してきました。また、児童労働に反対するキャンペーンを行い、働くしか選択肢が

SAFIA MINNEY

ない貧しい家庭の子どもたちのため、教育支援を行っています。団体名のタラは、Trade（貿易）、Alternative（オルタナティブ）、Reform（変革）、Action（行動）の頭文字からとったものです。創設者の娘であり、現CEOのムーン・シャルマに話を聞きました。

MIKI ALCADE

―タラ・プロジェクトが始まったきっかけは？　また、なぜフェアトレードが人びとを貧困から救うための解決法になると思ったのですか？

タラ・プロジェクトは、60年代後半に、私の父であるシャルマ教授、そしてシスター・ステファニー・マスとソーシャル・ワーカーたちによって、社会運動として立ち上げられました。カースト制度や経済搾取などの社会の不正に、草の根的なレベルで立ち向かうことが目的でした。1973〜1974年にかけて、「オルタナティブ・トレード」という理念のもと、最貧困層の人びとが収入の機会を得られるよう、支援を開始しました。そして私たちは、公正な貿易は社会に平和と繁栄をもたらすという信念に基づいて、彼らのつくる手工芸品をより公正な値段で買い取り、デザイン性を高め、情報を提供し、キャパシティを高めることで、製品の販売をサポートし、職人が生活を向上させ、経済力をつけるのに重要な役割を果たしてきました。これによって、多くの生産者グループの基盤が改善され、また生産者としての自信や自分たちの権利についての知識も身につけてきたのです。

―搾取の最大の原因は？　またタラ・プロジェクトは状況をどのように改善しているのでしょうか？

通常の貿易は、利益を生み出すことが目的です。市場では企業同士が競争し、搾取の温床となり、大人よりもずっと賃金が安い子どもたちが労働力として使われています。タラ・プロジェクトでは、児童労働の犠牲になっていたたくさんの子どもたちを、教育プログラムを通じてサポートしています。現在、1,100人以上の子どもたちに無料で教育を提供し、勉強を続けられるよう夢を与えています。教育は、搾取や貧困から子どもたちを救ってくれるのです。

―従来のファッション・ブランドも、フェアトレードの手工芸品やアクセサリーに関心を持ち始めていると思いますか？　また、ファッション業界が自らの行動に責任を持つようにするには？

従来のファッションブランドも、明らかに以前よりもフェアトレードに関心を示しています。また自分たちの持つ販売チャネルを使って、フェアトレードの商品を流通させる努力も見られます。フェアトレードの認識の高まりによる消費者からの圧力が、功を奏しているのでしょう。さらに責任ある取り組みを進めるには、公正な賃金を支払い、取引条件を改善させるなど、各社がフェアトレード支援の立場をより明確にすることが必要でしょう。

―フェアトレードが果たしている重要な役割は？

まず、児童労働を禁止して子どもたちを不法労働から救っていること。またタラ・プロジェクトの職人たちは、フェアトレードでない生産者に比べて高い賃金をもらっています。労働環境、貯蓄制度、医療設備、研修の機会なども整えられ、労働者によりよい環境が提供できるようになったのも、大きな功績だと思います。

PHOTOS: SAFIA MINNEY AND MIKI ALCALDE

タラ・プロジェクトは、職人やその家族を支援するほか、デリーのスラムに暮らす低所得層の家庭の子どもたちが通う学校の運営などを行っている。

SAFIA MINNEY

Changemaker: Monju Haque

バングラデシュのフェアトレード団体「アーティザン・ハット」創設者、モンジュ・ハクの挑戦。

―「アーティザン・ハット」設立の経緯は？

もともとダッカで政府の事業に関わっており、その後、地元のNGO団体のサポートを始めましたが、どちらの職場にもすぐに失望してしまいました。プロジェクトの管理が徹底されず、本当に必要としている人たちに援助が行き届いていなかったからです。

ようやくたどり着いたのが、地元の女性たちに刺繍を教え、所得を得られるようにするプロジェクトでした。貧しい女性が自分で生計を立てられるようになり、自立していくのを見届けられるのは、やりがいがありました。研修ではすばらしい成果を上げることができても、その後なかなか商品を売る場を見つけられない人もいましたが、彼女たちは薪やお菓子、手芸品などを売って収入を得られるようになりました。プロジェクトで学んだスキルを活用できなくても、自信を持ち、生活費を稼ぐことにつながれば、それはそれでとても喜ばしいことだと感じました。

人びとがビジネスを立ち上げる支援をすることで、彼らが家族を養い、子どもを学校に行かせたり医療費を支払ったりできるようになる、という効果を実感したのです。

貧しい人たちの生活を改善できる可能性に触発され、2002年にフェアトレードのビジネスモデルのもと、「アーティザン・ハット」を設立しました。そしてまず、はた織りの機械化が原因で職を失った手織り職人を雇うことから始めました。

―手織りが自然環境や社会にもたらすメリットは？

手織りの布の着心地は最高です。また機械織りから手織りに切り替えることで、CO_2の排出を減らすことができます。そして、手織りは機械織りに比べて3倍の雇用を生み出すため、より多くの人が仕事に就くことができます。

また、手織りの布に刺繍をほどこすことで、付加価値をつけることもできます。女性の多くは、幼い頃に祖母や母親の世代から手刺繍の技術を受け継ぎます。それはバングラデシュの伝統のひとつでもあり、彼女たちは何世代にも渡って、サリーやルンギを手でつくり続けてきたのです。

最近では、世界中の市場で手工芸の価値が認められるようになってきました。ユニークで質の高い手作りの服のよさが評価されているのです。すぐれた手仕事を、末永く守っていかなければなりません。

―欧米市場の高い需要に対し、手仕事のスキルでどのように対応していますか？

ピープル・ツリーのフェアトレードのプロジェクトにより、欧米の高い需要に対応できるようになりました。デザイン

左から時計回りに：　英国下院で開かれた国際開発委員会で、フェアトレードについて証言するため来英／バングラデシュでフェアトレード&オーガニックコットンのサプライチェーンをつくるため、インドのコットン畑を視察／世界フェアトレード・デーを推進／バングラデシュの村で友人のライハンとくつろぐ／日本のイベントで手織りの実演のためにはた織り機を設置／シンポジウムで講演

面や技術面でのサポート、品質に関する指導、日々のコミュニケーション、市場の情報や市場体験プログラムなど、さまざまな支援を受けています。なかでももっとも大きかったのは、職人たちの福祉のために、どのようにフェアトレードの基準を守っていくべきか学べたことです。他の商業主義のバイヤーたちが問題から目をそむけるなか、立場の弱い職人たちの支援のために多大な投資をしてきたピープル・ツリーの活動は、称賛に値すると思います。

ー フェアトレードのグローバルな利点は？

フェアトレードビジネスは、もっとも純粋な開発事業の形です。比較的短期間に、投資の効果が出ます。政府や企業や個人が寄付をすることとはまったく違います。先進国の消費者がフェアトレードの商品を購入することこそ、途上国のサステナブルで自立したコミュニティを直接サポートすることにつながるのです。

またフェアトレードは、農村に住む職人たちの生活を守ってくれます。彼らが、家族や子どもたちを残して都会のスラムに出稼ぎに行かなくても、自分の村で仕事を得て暮らすことができるようになるからです。

ー今日のバングラデシュの衣料品業界における、最大の問題は？

バングラデシュのGDPの約80％は、工場生産の衣料品の輸出によるもので、国にとって非常に大事な収益です。しかし、この業界には不公平な制約があり、ごくわずかな人しか利益を得ることができないしくみになっています。何百万人という労働者が低賃金で働かされ、ガスや電気もろくに通らず、汚染された水しか飲めない過酷なスラムでの暮らしを強いられています。また長時間にわたる労働で健康が蝕まれています。私はバングラデシュの衣料品工場に10年勤務した女性の健康状態を調べたいと思い、業界のリーダーたちに質問を続けているのですが、答えられる人は誰もいません。この惨状を改善するつもりもないようです。フェアトレードは、この状況を解決してくれる大きな可能性を秘めています。バングラデシュのすべての人びとが誇りと尊厳を持って働けるようになる日がくるのを、切望してやみません。

SAFIA MINNEY

WFTOが定めるフェアトレードの基準。
詳細は：www.wfto.com

フェアトレードの10の指針

1. 生産者に仕事の機会を提供する

社会的に弱い立場に置かれた小規模の生産者が不安定な収入や貧困から脱し、経済的に自立することを支援します。

2. 事業の透明性を保つ

経営や取引における透明性を保ちます。すべての関係者に対し説明責任を果たし、参加型の意思決定を行います。

3. 公正な取引を実践する

バイヤーと生産者は、連帯と信頼、互いへの思いやりに基づき長期的な取引を行います。小規模生産者が社会的・経済的・環境的に健全 な生活ができるよう配慮して取引し、利益を優先することはありません。また要望があれば、バイヤーは生産者に収穫や生産に先だって前払いを行います。

4. 生産者に公正な対価を支払う

生産者に対し、その活動地域の基準で社会的に受け入れられ、生産者自身が公正だと考える価格を支払います。公正な対価とは関係者全員の合意により決定されるものです。男女の同等の労働に対し、平等な対価を支払います。

5. 児童労働および強制労働を排除する

生産過程での強制労働を許さず、国連の「子どもの権利条約」および子どもの雇用に関する国内法や地域法を順守します。生産に子どもが関わる場合はすべて公開・監視の上、子どもの健全な生活や安全、教育、遊びに悪影響を及ぼさないようにします。

6. 差別をせず、男女平等と結社の自由を守る

雇用や賃金、研修の機会などにおいて、人種や社会階級、国籍、宗教、障害、性別や政治的信条など、あらゆる面において一切の差別をしません。男女に平等の機会を提供し、特に女性の参加を推進します。また、結社の自由を尊重します。

7. 安全で健康的な労働条件を守る

生産者が安全で健康的な環境で働くことができるよう、現地の法律やILO（国際労働機関）で定められた条件を守ります。また、生産者団体における健康や安全性についての意識の向上を継続的に行います。

8. 生産者のキャパシティ・ビルディングを支援する

立場の弱い小規模な生産者に、ポジティブな変化をもたらすことができるよう努めます。生産者の技術や生産・管理能力などのキャパシティが向上し、市場へアクセスできるよう支援します。

9. フェアトレードを推進する

フェアトレードの目的や必要性をより多くの人に知ってもらえるよう啓発します。また、消費者に対して販売者や生産者、商品の背景にある情報を提供し、誠実なマーケティングを行います。

10. 環境に配慮する

生産地で持続的に採れるものなど、サステナブルに管理された素材を最大限に活用し、エネルギーの消費とCO_2の排出が少ない生産を心がけます。農業ではできるだけオーガニックや減農薬など環境への負荷の低い方法を用います。梱包にはリサイクル素材や生分解可能な素材を用い、輸送 にはできるだけ船便を使います。

フェアトレードでは、生産者への技術指導や商品開発支援に力を入れています。また、発注の時点でオーダー額の半額を前払いすることで、小規模な生産者団体が、材料を購入し、生産期間中もつくり手に賃金を支払えるようサポートしています。コミュニティバンクや一般銀行、ピープル・ツリーの私募債保有者やグローバル・ヴィレッジの会員からの資金面での援助が、こういったフェアトレードの活動の継続を支えています。
ピープル・ツリーの私募債制度について：www.peopletree.co.jp/special/magazine/20100716

フェアトレード・ファッションの現場：ピープル・ツリースタッフ

上田真佐子　Masako Ueda

衣料品商品開発マネージャー

20代最後の年にはじめて訪れたアフリカで、すばらしい自然と環境問題、貧しさの中でたくましく生きる人びと、手仕事の魅力に触れ、仕事を通じて社会とどのようにかかわっていけるのかを深く考えるようになりました。そんなとき、一冊の雑誌にフェアトレードという言葉を見つけ、援助ではない対等のビジネスのかたちがあると知り、その新しい発想に驚きました。

スクールに通い、グラフィックデザインの基本的なスキルを身につけ、それまでのアパレルでの企画MDの経験をもって、ピープル・ツリーの門をたたきました。それ以来10年あまり商品開発の仕事に携わっています。

フェアトレードのものづくりは、「これはできない」とか、「これが手に入らない」という生産現場の実情に向き合いながら、埋もれているたくさんの「できるかもしれない」を「できること」に変えていくチャレンジの連続です。二歩進んでは一歩下がり、その歩みはとてもゆっくりですが、確実に前に進んでいます。

フェアトレードで働く人たちの笑顔と、お客さまの笑顔をつなぐこと。それが私の仕事です。

鈴木史　Fumi Suzuki

雑貨商品開発、企画マーケティングマネージャー

私が仕事を選ぶうえでの優先順位は、「社会とのかかわり」が「利益」よりも高く、本業そのもので社会をよくする会社で働くことです。最初に就職したカタログハウスで取材から営業企画、商品開発、バイイングまで幅広い業務を経験させてもらうなかで、服づくりを勉強したいという意欲がわき、1年間専門学校で服づくりを学びました。その後広報やオーダーサロンでの仕事を経験し、ファッションで社会貢献をしている会社を探していた4年前に出会ったのがピープル・ツリーです。

フェアトレードの一番の特徴は、常に生産者を見ているということ。彼らの技術だけでなく生活状況も把握し、いっしょに問題解決を目指していく。一般の会社がお客様の方向だけを向いているのとは対照的です。今の仕事では、生産者と私たちが同じ立場で意見を話し合います。みんな職人としての誇りがあり、自分の意見がある。対等なパートナーシップはとても心地よく、気に入っています。自分たちが練り上げたデザインを、生産者も気に入ってモチベーション高く仕事をしてくれるとき、大きなやりがいを感じます。生産者たちから絶賛されるデザインというのは、お客様にも好評なんです。

尾形拓　Taku Ogata

卸営業

以前は自動車販売の仕事をしていました。長男の誕生をきっかけに、子どもに誇りを持って伝えられる仕事をしたいと思い、2001年、家内が運営していたウェブ通販ショップの取引先だったピープル・ツリーに転職しました。フェアトレードは、商品を通じて、売り手と買い手とつくり手、またそれぞれの家族まで含め、携わる多くの人々との間で誇りと価値を共有できる点が、非常に魅力的に思えたのです。
プライベートでは、シンプルに暮らしたい、と常に願っています。家族の幸福に本当に必要なのは、ごくごく簡素な衣食住とみんなの健康といった、より根源的なもの。必要なものだけを得て身の丈に合った暮らしを送ることが一番心地がよいと実感しています。子どもたちには、不要なものを取り入れず、本当に価値のあるものだけを選びとるセンスを養って欲しいです。
身の周りをシンプルにしていく中で、体脂肪も不要だと気づき、排除する努力をしています。身体が少しコンパクトになったので、着たい服は文字通り、身の丈にあったもの。女性ものも積極的に着用していますが、果たして子どもや家内にはどう思われているのか…それは聞かないことにしています(笑)。

PHOTOS SAFIA MINNEY

小泉三里　Misato Koizumi

ピープル・ツリー UK　デザイナー

東京とロンドンでファッション・デザインを学び、東京でテーラーとして経験を積み、現場で役に立つスキルを身に着けました。
環境にやさしい服づくりをしたいと思っていた矢先に、ピープル・ツリーのことを知り、これなら自分にできると直感しました。今から12年前、日本でのことです。
以前から環境問題に興味がありましたが、当時は、縫製工場の労働者が搾取されている状況についてはあまり知りませんでした。ピープル・ツリーでの仕事を通じて、フェアトレードが実際に意味すること、そしてフェアトレードが社会に与えるインパクトについて少しずつ学んでいきました。2003年からロンドンのオフィスで仕事をしています。
手仕事や自然素材、オーガニック素材を使ったものづくりは実にクリエイティブ。ファブリックやプリントを買いつけるのではなく、ゼロからデザインするのですから。
経験を積み重ね、ピープル・ツリーのコレクションは年を追うごとに完成度が高まっています。服をつくるフェアトレード団体も力をつけ、スキルを向上させています。フェアトレードのプロセスの一部でいられることが大きなやりがいです。

SAFIA MINNEY

ピープル・ツリー UK 2012 秋冬コレクション、右ページは2013 春夏コレクション。

PHOTOS ODI CASPI

ピープル・ツリー取扱店

全国に広がるピープル・ツリー・ファッションの取扱店。どのお店にも共通しているのは、人と地球にやさしいエシカルなライフスタイルを提案している、ということ。詳細は、People Tree ホームページにてご覧ください。

www.peopletree.co.jp/shop_oroshi

北海道

■札幌市
Earth Cover
Tel: 011-596-8114

dag lig dag(ダグリグダグ)
Tel: 011-281-6202

みんたる
Tel: 011-756-3600

■函館市
はこだて工芸舎 元町ハウス
Tel: 0138-22-7706

■滝川市
フェアトレードショップ みらい
Tel: 0125-22-1211

東北

■青森県
Otohane/green
Tel: 0172-32-8199

■秋田県
Sweet Market
Tel: 018-853-0987

■岩手県
Kasi Friendly
Tel: 019-606-3810

クラフトショップ彩
Tel: 019-661-8996

EAST ASIA
Tel: 0192-27-5205

おいものせなか
Tel: 0198-22-7291

■福島県
Drops(ドロップス)
Tel: 024-533-2928

AKIRA
Tel: 024-924-1530

アルマレアル
Tel: 0246-25-0635

■宮城県
リディアル
Tel: 022-211-9683

魔法の黄色いランプ
Tel: 022-376-6071

■山形県
梅村呉服店
Tel: 0238-88-2235

ひだまりハウス
Tel: 023-652-0151

関東

■東京都
Liko
Tel: 03-3456-5361

かなかな
Tel: 03-5685-9179

バードプラザ(日本野鳥の会)
Tel: 03-5436-2624

ぐらするーつ 渋谷店
Tel: 03-5458-1746

ウィメンズショップ
パッチワーク
Tel: 03-5469-1612

伊勢丹新宿店 5Fリビングフロア
Tel: 03-3352-1111

humano(ウマノ)
Tel: 03-5856-2066

ふろむ・あーす&カフェ・オハナ
Tel: 03-5433-8787

péche(ペッシュ)
Tel: 03-5453-3634

らんぱだ
Tel: 03-5343-5053

千手観音
Tel: 03-3393-0294

サイマーケットZacca(ザッカ)
Tel: 03-5995-2702

明日葉
Tel: 042-729-5015

hiro
Tel: 0422-26-5539

Earth Juice
Tel: 042-321-3214

ひかりや
Tel: 042-507-7988

■神奈川県
PAITITI(パイティティ)
Tel: 045-212-2001

GREEN BAZAAR
Tel: 045-712-8076

珈琲豆&癒し処ちろりや
Tel: 045-367-9371

VERDiAMO(ヴェルディアーモ)
Tel: 045-717-8177

ハンドクラフトショップ楓杏
Tel: 044-944-7502

晴れ屋
Tel: 046-295-1161

かまくら富士商会
フェアトレードの店
Tel: 0467-22-6340

ecomo(エコモ)
Tel: 0466-36-7383

ZOOM
Tel: 0467-88-0998

ちえのわハウス
Tel: 0465-49-6045

in the fields BY ARTESANO
Tel: 046-873-3073

■千葉県
アーシアン・ショップ 柏
Tel: 0471-33-3930

田中惣一商店
Tel: 0470-22-2088

■茨城県
CASOLEA(カソレア)
Tel: 029-861-7752

Mai＊Mai
Tel: 0296-71-5444

じゅん菜
Tel: 0294-32-1801

■埼玉県
はるり KINUMO
Tel: 049-223-7174

サンスマイル
Tel: 049-264-1903

■群馬県
bougeoir(ブジョア)
Tel: 027-235-0699

NPO法人 中之沢美術館
Tel: 027-285-2880

甲信越

■長野県
One's own by NAGASE
Tel: 0266-58-4300

てくてく
Tel: 0265-53-5980

ホテル グランフェニックス奥志賀
Tel: 0269-34-3611

■山梨県
パルシステム山梨
フェアトレードショップ ぱるはぴ
Tel: 055-274-7766

■新潟県
麗愛 ～Reia～
Tel: 025-247-1969

Rerun(リラン)
Tel: 025-226-6609

北陸

■石川県
コミュニティ・トレード al
Tel: 076-246-0617

東海

■静岡県
Teebom(ティーボム)
Tel: 054-254-7117

ロロ・シトア
Tel: 0557-51-5227

ハーベスト・プラス
Tel: 0545-65-3706

ア・テ・スエ!
Tel: 054-646-2606

エムズ・ダオ
Tel: 0538-43-8055

■愛知県
Ethical Penelope
(エシカル・ペネロープ)
Tel: 052-972-7350

CONNETTA(コネッタ)
Tel: 052-523-6177

フェア・トレードショップ 風's
(ふ～ず)
Tel: 052-962-5557

フェアトレード＆エコショップ
オゾン
Tel: 052-935-8738

オーガニックショプ With
Tel: 052-776-5321

kogomi(コゴミ)
Tel: 052-808-9810

カフェ&ダイニング おちゃや
Tel: 052-806-3188

Sewing & Cafe 芽衣
Tel: 0533-84-7478

CHOCOLIT(チョコリ)
Tel: 090-3384-2554

■岐阜県
flamant(フラマン)
Tel: 058-216-4884

銀の森
Tel: 0574-67-0538

■三重県
インテリアショップ&
カフェ Brook
Tel: 059-337-8074

KnottyhouseLiving
Tel: 0595-98-0678

近畿

■大阪府
INE(あいね)・谷町九丁目店
Tel: 06-6767-0002

accha(アチャ)
Tel: 06-6357-7739

FOLHA(フォーラ)
Tel: 06-6136-3804

Punch Lamai(プンチラマイ)
Tel: 080-4027-3130

フェアトレード雑貨 espero
(エスペーロ)
Tel: 072-728-1221

オーガニックストア Cha Cha
Tel: 0721-40-1175

あひおひ aioi
Tel: 072-263-2700

■京都府
菊屋雑貨店
Tel: 075-222-0178

木と風
Tel: 0774-64-3575

■兵庫県
one village one earth
Tel: 078-332-6262

モダナーク
Tel: 078-391-3052

六甲ガーデンテラス Shop Horti
Tel: 078-894-2251

中野酒店
Tel: 0792-22-0976

バップ z's cat
Tel: 0790-82-2254

■奈良県
きらら
Tel: 0745-75-6019

■滋賀県
ヘルスステーションけんこう舎
Tel: 077-537-3878

ウルズ
Tel: 0749-63-8266

■和歌山県
ぴーす
Tel: 0739-34-7676

中国

■鳥取県
grassonion(グラスオニオン)
Tel: 0859-31-5102

■岡山県
コットン古都夢
Tel: 086-225-4663

Miss Broccoli
Tel: 086-246-6600

chou chou(シュシュ)
Tel: 086-801-3011

自然食百科 柿の木
Tel: 086-428-8227

■広島県
ほそうで屋
広島県広島市中区小町 1-20
Tel: 082-247-0645

■山口県
無有の木
Tel: 0834-21-4120

四国

■高知県
ナチュラルハウス高知店
Tel: 088-875-6800

■愛媛県
マザーアース
Tel: 089-934-8738

■徳島県
FLP
Tel: 088-623-5307

九州

■福岡県
ルシーラ
Tel: 092-851-7589

PAITITI(パイティティ)
Tel: 092-715-0533

わらく
Tel: 092-741-8875

キマモリ舎
Tel: 092-201-2243

緑々 ～あおあお～
Tel: 093-533-0533

Cavallino(カヴァリーノ)
Tel: 093-473-5117

■佐賀県
装衣工楓(そういくふう)
Tel: 0952-25-0236

■長崎県
Prawmai(プラウマイ)
Tel: 095-829-1686

Neem
Tel: 095-870-5294

Y.B.Road
Tel: 0956-24-3881

■熊本県
らぶらんど エンジェル
Tel: 096-362-4130

■大分県
あい・むっから
Tel: 097-546-0600

フェアトレード大地
Tel: 0979-22-0963

ニコニコ村
Tel: 0977-25-4464

■宮崎県
TAKK BLESS
Tel: 0982-57-3499

Anfang
Tel: 0983-27-6556

■鹿児島県
AZ かわなべ
Tel: 0993-58-3200

AZ あくね
Tel: 0996-72-2500

AZ はやと
Tel: 0995-56-5200

沖縄

Tシャツアトリエ ゆいロード店
なちゅらる宇宙人
Tel: 0980-83-0057

多店舗展開のお店

かぐれ
www.kagure.jp

シサム工房
www.sisam.jp

NineDoll
www.ninedoll.jp

カオリノモリ
www.kaorinomori.jp/shop/

unico
www.unico-fan.co.jp

SLOW HOUSE by ACTUS
www.slow-house.com

ADIEU TRISTESSE
アデュー トリステス
conges payes コンジェ ペイエ
www.adieu-tristesse.jp

FRAMeWORK フレームワーク
www.frame-works.co.jp

ma faveur / any time /
one's own
www.ma-faveur.co.jp

Ital Style
www.ital-style.com

BEIGEGE
www.beigege.net

DOUBLEDAY
www.doubleday.jp

オンライン・ショップ

セーディエ
www.sedie.jp

cafeglobe.com
www.cafeglobe.com

MICHAEL HEILGEMEIR

CHAPTER 7

エシカル・ファッションのパイオニアたち

Ethical brands

Junky Stylingのメンズウェア

フェアトレードとエシカル・ファッション

サフィア・ミニーによるフェアトレード&エシカル・ファッションガイド。

「エシカル・ファッション」は、80年代のイギリスで「倫理的消費」を呼びかける運動から生まれました。フェアトレードはもちろん、オーガニックやリサイクル、さらには原料に使われる動物の飼育方法など、環境、人権、動物の権利などさまざまな点において責任を果たしてつくられるファッションを総称しています。今ではエシカル・ファッションには、アップサイクリング(古着や残布を再生させ、新たな価値を吹き込む)からフェアトレードの手編みの帽子、100%オーガニックのTシャツまで、あらゆるアイテムを生み出す先駆者的なブランドがいくつも登場しました。こういったブランドに共通しているのが、環境への負荷を減らし、つくる人を大切にしたものづくりへの情熱です。

フェアトレードやエシカル・ファッションが環境や社会に与える影響についての大規模な調査は、今のところ行われていません。この分野への投資があまりに少ないのです。しかしそういった調査の結果があれば、消費者が買い物をする際の貴重な判断材料となるでしょう。ひとつ明らかなのは、新しい洋服を買う時、より多くの配慮をしている製品を買うことで、ポジティブな違いを生み出せるということです。消費者の価値観も様々です。例えばベジタリアンの人なら、革製の靴を買うくらいなら、分解に500年かかるプラスチック素材の靴のほうがましだと判断するかもしれません。倫理的な配慮や選択をすることは、必ずしも簡単ではありません。消費者が自分たちにとって最も大事だと考える価値に関わることだからです。

現在、世界フェアトレード機関(WFTO)はSFTMS(Sustainable Fair Trade Management System)というフェアトレードのキャパシティ・ビルディングとモニタリングのシステムをつくり、途上国のフェアトレード団体の活動を強化しようとしています。この取り組みの成果として、今後WFTOも製品ラベルを導入することになりました。現在のWFTOの認証は団体が対象で、製品ひとつひとつを認証するものではありません。

コットンに関するフェアトレード認定のしくみには、FLO(国際フェアトレードラベル機構)によるものなどがあります。この認証には、素材としてのコットンがつくられるプロセスで最低基準を守ることは含まれていますが、コットンが製品になるまでの過程がエシカルまたはフェアトレードだと保証するものではありません。

オーガニックの衣料品を認証する基準としてはGOTS(Global Organic Textile Standards:オーガニック・テキスタイル世界基準)があり、認証機関にはイギリスのソイル・アソシエーションなどがあります。綿繰りから糸紡ぎ、染め、プリント、縫製、保管などのすべての過程で、オーガニックの基準を満たしていることを保証します。

ヨーロッパでサステナブルファッションを推進し、ファッションブランドにコンサルティングを行うMade By(www.made-by.org)のような取組みは、ハイストリートのブランドが工場における社会的基準や環境基準を改善するのに役立っています。

エシカル・ファッション ブランドリスト

パイオニア的なエシカル・ファッションのブランドをご案内します。

Ada Zanditon ● ●
レディース / ジュエリー
www.adazanditon.com
イギリス　ロンドン

Article 23 ● ● ●
レディース
www.article-23.com
フランス　パリ

Annie Greenabelle ● ● ●
レディース / 服飾雑貨
www.anniegreenabelle.com
イギリス　レスター

Aura Que ●
バッグ
www.auraque.com
（本拠地）ネパール　カトマンズ

Beulah London ●
レディース
www.beulahlondon.com
イギリス　ロンドン

Beyond Skin ●
フットウェア
www.beyondskin.co.uk
イギリス　ブライトン

Bhalo ●
レディース / 服飾雑貨
bhaloshop.com
オーストラリア　パース

Bibico ●
レディース / 服飾雑貨
www.bibico.co.uk
イギリス　バース

Bishopston Trading Company ● ● ● ●
レディース / メンズ / 服飾雑貨
www.bishopstontrading.co.uk
イギリス　ブリストル

Bottletop ●
バッグ
www.bottletop.org
イギリス　ロンドン

Christopher Raeburn ●
レディース / メンズ
www.christopherraeburn.co.uk
イギリス　ロンドン

Edun ●
レディース / メンズ
www.edun.com
アイルランド　ダブリン

Emesha ●
レディース
www.emesha.com
イギリス　ロンドン

Epona ● ●
スポーツウェア
www.eponaclothing.com
イギリス　ロンドン

Fifi Bijoux ●
ジュエリー
www.fifibijoux.com
イギリス　グラスゴー

Firstborn ●
レディース / メンズ
www.notjustalabel.com/firstborn
オーストラリア　シドニー

Frank and Faith ●
レディース / 服飾雑貨
www.frankandfaith.com
イギリス　ドーチェスター

From Somewhere ●
レディース
www.fromsomewhere.co.uk
イギリス　ロンドン

Goodone ●
レディース
www.goodone.co.uk
イギリス　ロンドン

Gossypium ● ●
レディース / メンズ / 服飾雑貨
www.gossypium.co.uk
イギリス　サセックス

GreenKnickers ● ● ●
アンダーウェア
www.greenknickers.org
イギリス　ロンドン

HASUNA ●
ジュエリー
www.hasuna.co.jp
日本　東京

Hell' s Kitchen ●
バッグ
www.hellskitchen.it
イタリア　ヴェローナ

Henrietta Ludgate ●
レディース
www.henriettaludgate.com
イギリス　ロンドン

Howies ●
メンズ / レディース
www.howies.co.uk
イギリス　カーディガン

Izzy Lane ●
レディース / メンズ / 服飾雑貨
www.izzylane.com
イギリス　ノース・ヨークシャー

Junky Styling ●
レディース / メンズ
www.junkystyling.co.uk
イギリス　ロンドン

Katherine Hamnett ●
レディース / メンズ
www.katherinehamnett.com
イギリス　ロンドン

Kuyichi
ジーンズ
www.kuyichi.com/
オランダ　ハーレム

Komodo ● ●
レディース / メンズ
www.komodo.co.uk
イギリス　ロンドン

Kowtow ● ●
レディース / メンズ / 服飾雑貨
www.kowtowclothing.com
ニュージーランド　ウェリントン

L' Herbe Rouge ●
レディース / メンズ
www.lherberouge.com
フランス　ルビエ

Lu Flux ●
レディース / メンズ
www.luflux.com
イギリス　ロンドン

検索に役立つキーワード

- ● フェアトレード・コットン
- ● オーガニック・コットン
- ● リサイクル／アップサイクル
- ● フェアトレード／サステナブル
- ● ビーガン／動物の権利保護
- ● WFTO（世界フェアトレード機関）メンバー

エシカル・ファッション ブランドリスト

MADE ●
ジュエリー / 服飾雑貨
www.made.uk.com
イギリス　ロンドン

Makepiece ●
レディースニット
www.makepiece.com
イギリス　トッドモーデン

Misericordia ●
レディース / メンズ
www.misionmisericordia.com/different.html
フランス　パリ

Monkee Jeans ● ●
レディース / メンズ
www.monkeegenes.com
イギリス　ヨールグリーブ

Noir ●
レディース
www.noir.dk
デンマーク　コペンハーゲン

Nomads ●
レディース / メンズ / 服飾雑貨
www.nomadsclothing.com
イギリス　ランセストン

Nudie ● ●
レディース / メンズ
www.nudiejeans.com
スウェーデン　ヨーテボリ

Pants to Poverty ● ● ●
レディース / メンズ
www.pantstopoverty.com
イギリス　ロンドン

Partimi ●
レディース
www.partimi.com
イギリス　ロンドン

Patagonia ●
アウトドア / スポーツウェア / フットウェア
www.patagonia.com
フランス　アヌシー・ル・ヴュー

Pachacuti ● ● ●
帽子
www.pachacuti.co.uk
イギリス　アッシュボーン

PASS THE BATON ●
レディース / メンズ / 服飾雑貨
www.pass-the-baton.com
日本　東京

People Tree ● ● ● ●
レディース / メンズ / 服飾雑貨
www.peopletree.co.uk
www.peopletree.co.jp
イギリス　ロンドン & 日本　東京

PRISTINE ●
レディース / ベビー / 服飾雑貨
www.avantijapan.co.jp
日本　東京

Prophetik ●
レディース
www.prophetik.com
アメリカ　テネシー

Seasalt ●
レディース / メンズ / 服飾雑貨
www.seasaltcornwall.co.uk
イギリス　ペンザンス

Sonya Kashmiri ●
バッグ
www.sonyakashmiri.com
イギリス　ロンドン

Stewart and Brown ●
レディース
www.stewartbrown.com
アメリカ　カリフォルニア

Stighlorgan ●
バッグ
www.stighlorgan.com
イギリス　ロンドン

Study NY ●
レディース
www.study-ny.com
アメリカ　ニューヨーク

Skunkfunk ● ● ●
レディース / メンズ / 服飾雑貨
www.skunkfunk.com
スペイン　ゲルニカ・ルモ

Tara Starlet ●
レディース
www.tarastarlet.com
イギリス　ロンドン

TATAMI ●
フットウェア
www.tatamijpn.jp
日本　静岡

Terra Plana ● ●
フットウェア
www.facebook.com/terraplana
イギリス　ロンドン

The North Circular ● ●
ニットウェア
www.thenorthcircular.com
イギリス　ラトランド

The Social Studio ● ●
レディース / メンズ / デザインスペース
thesocialstudio.org
オーストラリア　コリングウッド

Toms Shoes ●
フットウェア
(アメリカ・オーストラリア) www.toms.com
(カナダ) www.tomsshoes.ca
(イギリス) www.tomsshoes.co.uk

Traid Remade ●
レディース / メンズ / 服飾雑貨
www.traidremade.com
イギリス　ロンドン

Tumi ●
服飾雑貨
www.tumi.co.uk
イギリス　ブリストル

Veja ● ●
服飾雑貨
www.veja.fr/#/collections
フランス

verda ● ●
レディース / 服飾雑貨
www.verda.bz
日本　横浜

Vivobarefoot ● ●
フットウェア
www.vivobarefoot.com
イギリス　ロンドン

Worn Again Womenswear ●
メンズ / 服飾雑貨
www.wornagain.co.uk
イギリス　ロンドン

WOMbat ● ●
レディース / メンズ / 服飾雑貨
www.wombatclothing.com
イギリス　チェシャー

Beautiful Shoots
come from
Beautiful Roots

デザインデュオLovebirdsがピープル・ツリーの日本での20周年、イギリスでの10周年を祝ってデザインしたアートワーク。

CHRIS SCOTT

Kerry Seager & Annika Sanders

アップサイクリングのパイオニア 「Junky Styling」創設者 ケリー・シーガー&アニカ・サンダーズ

ーブランドのコンセプト、インスピレーション、ビジョンは?

ジャンキー・スタイリングは、「一点物のユニークな洋服がほしい」というニーズから生まれました。私たちが行っている「Wardrobe Surgery(ワードローブ外科手術)」は、個性的なリフォームを施すことで、一着の洋服に歴史が生まれ、愛着が育っていくのを楽しんでもらうサービスです。こうして、「洋服はワンシーズン着て飽きたら処分するものだ」という常識を、変えていきたいと思っています。

ーエシカル・ブランドを始めた経緯を教えてください。

すべての始まりは1997年、ケンジントン・マーケットの露店からでした。初期費用は、英国王子主催の若い事業者向けビジネスファンドからの投資と、一般銀行からの同額の投資、計2,000〜3,000ポンド(約24〜36万円)くらいでした。スタート当時は、熱意だけで乗り切りました。まさに「好きでする仕事」だったがゆえに頑張れたのです。最初の課題は、古着への悪いイメージを払拭し、新たな市場を確立することでした。その後、リバティ百貨店が古着をまとったマネキンをウィンドウに並べ、それを「ヴィンテージ」と呼んだことによって、古着はおしゃれだというイメージが定着しました。これでだいぶ助かりましたね。

私たちはビジネスについて勉強したこともなかったので、経営を軌道に乗せるのに少し時間がかかりました。経営を成り立たせるのはもちろん大事ですが、そのためにクリエイティビティを犠牲にするようなことはしたくなかったからです。

—成功の秘訣は何ですか?

ブランドが継続できたのは、ひいきにしてくれるお客さんとその口コミのおかげだといっても過言ではありません。私たちが店を出したのは、東ロンドンのブリックレーンにあるトゥルーマン・ブリュワリー(醸造所を改装したギャラリー&ショップ複合スペース)の中でした。当時は何もない未開発地域だったため、無謀な試みだと言われました。でも今やこの一帯は若者でにぎわうトレンディエリアに大変身し、ショップはマーケティングツールとして最大の役目を果たしています。ウェブサイトは、ツールとしては二番目ですね。当初はインターネットがあまり普及していなかったせいもあり、お客さん全員と顔見知りになれたんです。アトリエとショップが同じ空間にあるので、架空の不特定のお客さまではなく、実際に知っている人たちのために洋服をつくれるのも、大きな強みだと思っています。業界での認知度も重要です。業界で認められていなければ、英国ファッション評議会が、ロンドン・ファッション・ウィークとパリのロンドン・ショールームに招待してくれることもなかったでしょうからね。

—ファッション業界で、今一番変える必要があるのは?

業界の透明性、そして消費量のレベルです。消費を減らし、もっと賢く買い物をすること。みんながサステナビリティについてもっと考えなければいけませんね。

—エシカル・ファッションブランドを立ち上げたい人へ、アドバイスを。

いちばん大事なのは、デザインと仕立てです。今ではまだ、エシカルという理由だけでハイエンドの商品を買ってくれる人はあまりいません。特別なスタイルがないとダメですね。それから、立ち上げてすぐビジネスの拡大を考えるのはやめましょう。初めのうちは、従業員の雇い過ぎや経費の使い過ぎは御法度です!

www.junkystyling.co.uk

Galahad Clark

フットウェア「VIVOBAREFOOT」のクリエイター
ガラハド・クラーク

ーブランドのコンセプト、インスピレーション、ビジョンは？

幼なじみが「裸足の靴」というコンセプトの靴を作らないかという話を持ちかけてきたとき、私はすでに「テラプラナ」という靴のメーカーを経営していました。その友人は、以前スポーツでひざと足首を怪我し、長い間痛みに苦しめられていました。けれども、アレクサンダー・テクニークの教師だった父親の指導で裸足で運動しているうちに、劇的に治っていったというのです。

そこで彼は、ロイヤル・カレッジ・オブ・アートで工業デザインを学んでいたとき、最初の靴のプロトタイプを作りました。それは、ナイキのハラチの靴底を取り払い、代わりにテニスラケットのカバーを装着したものです。

私は直感でそのアイデアを気に入り、友人と「ヴィヴォベアフット」を立ち上げることにしました。ブランド名は文字通り「裸足で生きる」という意味です！

ーあなたの靴は、地球や人をどのように守っているのですか？

ヴィヴォベアフットの商品は、社内の「エコマトリックス」という原則に則ってデザインしています。それは以下のようなものです。

素材：リサイクルされたもの、環境への負担が少ないもの、リサイクル可能なもの

効率：部品の数、製造工程数、パッケージの数

物流：輸送、管理、保管が簡単であること

最終処分：修理あるいは処分が簡単であること、埋立地に行くゴミを最小限におさえること

商品寿命：永続性と機能性

もっとも大事なのは、私たちがデザイン・製造した商品が、以下のような結果につながることです。

1. 人間が自然に近づく
2. 人間らしさを感じられる
3. 環境保護のための問題意識を持つ

このポリシーを実現するために、私たちは何時間も無給で働いているのです！　エシカル・ファッションを買ってもらい、売り上げを伸ばすには、とても苦労が多いです。夢ばかりではやっていけませんね。

ーファッション業界において、早急に変わらなければならないものは？

消費者です！

ーエシカルファッションブランドを立ち上げたい人へのアドバイスをお願いします。

確固たる存在理由を持ち、それを貫き通すことです。

ーあなたのエシカルヒーローは？

「社員をサーフィンに行かせよう」という名言で知られる、パタゴニアの創設者イヴォン・シュイナードです。

www.vivobarefoot.com

Orsola de Castro

余剰素材をレッドカーペット・ドレスへ
「From Somewhere」創設者
オルソラ・デ・カストロ

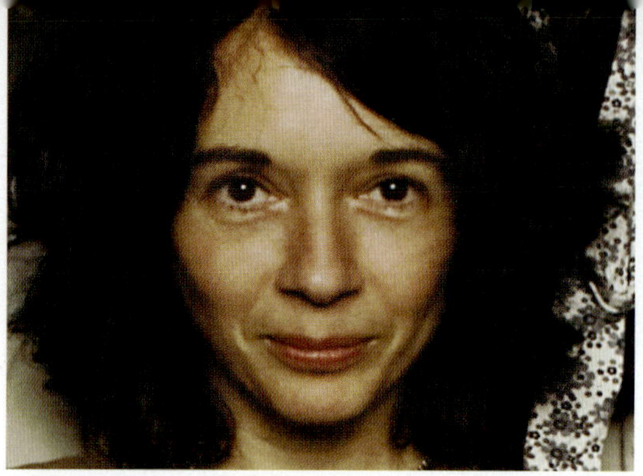

ーブランドのインスピレーションとビジョンは？

プリントしたテキスタイルとスカーフのコレクションを立ち上げたのは、1997年のことです。自分用に、古着のカシミアカーディガンに装飾をしてリメイクしたのですが、すごくよくできたため、何着かつくって売ることにしました。一日で完売したので、追加でつくって。これが「フロム・サムウェア」の始まりです。正直言って、もともとエコのブランドとして始めたわけではありません。けれども、大量の洋服が消費されて捨てられている現実を知り、エコブランド立ち上げの必要性を痛感したのです。1997年に500ポンド（約6万円）の初期投資でスタートし、以来何年ものあいだ無償で働きました！

ー今まででもっとも大変だったこととやりがいを感じたことは？

どちらも同じです。一番の挑戦は、小さくて実験的な会社でありながら、「ジグソー」「ローブ・ディ・カッパ」「テスコ」「スピード」などのような大企業と取引をするということです。2006年には、英国ファッション評議会とともに「エステティカ」（ロンドン・ファッション・ウィークのエコブランド出展エリア）も始めました。

個人的なレベルでは、2010年にオスカー賞でフロム・サムウェアに身を包んだリヴィア・ファースを見たとき、まさに世紀の瞬間だと感じました。私たちが、オスカーのレッドカーペット初のエコブランドになったのです！

ーあなたの顧客はどんな方々ですか？

皆さん知的な女性で、若い方から年配の方まで幅広い年齢層に支持されています。フロム・サムウェアはパターン作りに力を入れており、体型にうまくフィットすることを、お客様もよく理解してくださっています。私たちの服はデザインやつくりが美しいだけでなく、古さを感じさせず、さまざまに適応できるのです。

どんな素材を見つけられるか事前に想定できないため、実験的で、スタイルが大きく変化するのも常です。ブランドの特徴的なスタイルを市場に出すことが難しいという意味では、フロム・サムウェアはアンチ・ブランドとも言えます。

ーフロム・サムウェアの洋服は、どのように人や地球を守っていますか？

不必要なテキスタイルの製造をスローダウンさせることを目指しています。水やエネルギーの消費を最小限に減らし、美しい布が埋め立て地や焼却所行きになるのを防ぎたいのです。

フロム・サムウェアはとても小さなブランドであり、私たちが社会に及ぼす効果は、各シーズンに受注するオーダーのタイプや数量、商品を仕入れてくれる小売店などに左右されてしまいます。ですが、テスコなどの量販店と協力してコレクションをつくるなど、他社のコンサルティングをすることによって、私たちが社会に与えるインパクトも大きくなります。このような仕事は、数字や影響力が測りやすいですね。社会問題の解決支援も、私たちの課題だと思っています。

フロム・サムウェアのコレクションはすべて、イタリアの身体障害者や社会的弱者の社会復帰を支える地元の協同組合で作られています。私たちは、あらゆることに責任を持っているのです。

ーあなたの好きな言葉は何ですか？

「流行とは、見るに堪えないほど醜いものだ。だから6ヶ月ごとに変えなければならないのだ」

— オスカー・ワイルド

fromsomewhere.co.uk

Carry Somers

サステナブルとエシカルを備えた
パナマ帽ブランド「Pachacuti」創設者
キャリー・サマーズ

ーパチャクティのインスピレーションとビジョンは？

パチャクティは、ある意味偶然から生まれました。大学院でネイティブアメリカン研究をしていた私は、リサーチのためにエクアドルに行ったのですが、仲介人が利益を独り占めし、不公平な取引が行われているのを目の当たりにしてショックを受けたのです。そして「ボディショップ」の創設者アニータ・ロディックの自伝を読み、一人の女性があれほどの影響を美容業界にもたらせるなら、私もファッション業界で挑戦しない理由はないと思い、パチャクティを立ち上げる決意をしたのです。

ーあなたが直面した壁は？

パチャクティを設立したのは、イギリスで不況が始まったばかりの1992年でした。最初の夏の取引が成功し、友人の母親が5,000ポンド(約60万円) を投資してくれたのですが、それまでに得た収益金とともに、エクアドルであっという間に盗まれてしまいました。

それでも私はパチャクティを成功させるため、住居をバンに移して、週80時間、無給で何年も働き続けました。懸命の努力が報われ、また、利益をさらに翌年の成長に投資する策も功を奏し、パチャクティは年20%ほどの安定した成長を続けることができるようになりました。

また、私たちのパナマ帽をつくる女性たちのうち、初等教育を受けたメンバーは37%しかいないので、製品の仕様書の内容を彼女たちに間違いなく伝えられるよう、よりわかりやすい方法を常に模索しています。

ーブランドの顧客像は？

「本当の高級品とは、サステナビリティと倫理的実践が伴っているものだ」ということを理解してくださっている方たちです。そして、丸められて持ち運べる高品質なパナマ帽にお金を費やすことをいといません。

私たちの帽子の編み手の多くは年配で、視力が落ち、細い繊維を使って編むことができなくなっています。そこで、年配の職人たちにメガネを配給し、流行を先取りした、編み目が細かすぎないパナマ帽を考案しました。結果として、購買層は若い世代にも広がりました。

ーファッション業界において、今すぐに変えなければいけないことは？

児童労働とスウェットショップ(労働搾取工場) をなくすために、透明性とトレーサビリティを改善することが必要です。パチャクティは、サプライチェーンの透明性を強化するためのEUの試み「ジオ・フェアトレード・プロジェクト」のパイロット・プロジェクトを進めています。これは、消費者が携帯電話でバーコードを読み取ると、パチャクティの商品の製造過程について知ることができるというものです。エクアドルの沿岸地域で自治体が経営するパナマソウの栽培地から、高原地方の女性の編み手たちのグループまで、全工程をチェックすることができるのです。

ーパチャクティの商品は、地球や人にどんな利益をもたらしていますか？

パチャクティは2009年に、WFTOのサステナブル・フェアトレード・マネージメント・システムの認証を受けました。これは複雑なサプライチェーンが存在し、素材ではなく製造過程によって付加価値が決まるファッション業界において、非常に重要な進歩です。

ーエシカル・ファッションブランドを始めたい人へ、アドバイスを。

全工程を環境にやさしいフェアトレードな方法で行うのは並大抵のことではなく、かなりの時間もかかります。けれども、あなたが環境や生産者への影響に責任を持つ決意をしているなら、それは避けて通れない道なのです。

www.pachacuti.co.uk

Chieko Watanabe

日本のオーガニックコットンのパイオニアブランド「PRISTINE」のアバンティ代表取締役社長 渡邊智恵子

ーブランドについて教えてください。

アバンティは1991年、アメリカ・テキサスからオーガニックコットンの原綿を輸入することから始まりました。その後、生地作りを手がけ、1996年より自社ブランド「プリスティン」を立ち上げました。糸、生地、縫製とすべてを「Made in Japan」にこだわり、オーガニックコットンのよさをお届けできるよう染色をせず、生成りの製品をつくり続けています。日本のものづくりの技術のすばらしさで、織り、編み、縫製と特色を出し、現在ではアンダーウェア、リラクシングウェア、ベビー、バスグッズとオーガニックコットンを通して心と身体、そして地球にやさしいライフスタイルを提案するブランド作りをしています。

ービジネスとして成り立たせるための工夫は？

当社の製品は高級品の部類に入ると思います。量販店で売れるものとは思えません。また、プリスティンというブランドはオーガニックなライフスタイルの提案をしていますので、販売にはそれにマッチした環境のところを選び、食、住に関してもそれなりの高級志向のある会社さんとコラボをしています。高価なオーガニックコットンを提供していますので、その価格に納得できるだけの情報や機能を備えたものを作ることを心がけています。

ーファッション業界で、早急に対応が必要な課題は？

つくるところが少なくなっているのが、深刻な問題になっています。日本製にこだわっていてもなかなかそれを遂行できないのが現状です。ものづくりがなくなり、商社が提案するアイデアやデザインをチョイスするような現状のファッション業界では先は見えています。せっかくの歴史ある匠たちの技を次の世代に引き継ぐようにしなければなりません。それには若い人を教育する場、インターシップなどの環境を整えることも必要です。

ー渡邊さんが大事にしている言葉、モットーは？

当社の基本理念は「敬天愛人」です。天を敬い、人を愛す。そして一社や一人だけの利益に走らない、「三方よし」の考え方を遂行しています。最近は三方よしだけではなくさらに作り手を入れて、作り手よし、売り手、買い手、周りよしの「四方よし」の考え方で進んでいます。

ー現在取り組んでいるプロジェクトについて教えてください。

東日本大震災の復興に尽力しています。特に「女性の仕事づくり」に焦点をあてて「東北グランマ仕事づくり」と題し、宮城と岩手で手仕事を中心とした日々の仕事作りのプロジェクトを昨年より行っています。また2012年5月からは福島の地で繊維産業のあらたな形を目指そうと、オーガニック農法でコットンを栽培し、製品作りまでを行う「福島コットンプロジェクト」をスタートさせています。

www.avantijapan.co.jp

Natsuko Shiraki

エシカル・ジュエリーブランド「HASUNA」
代表取締役・チーフデザイナー
白木夏子

ーブランドのビジョン、設立のきっかけは？

「世界と、いっしょに輝く」。途上国の生産者から身につける人まで、ジュエリーに関わるすべての人が笑顔で輝く世界を作りたいという思いで、HASUNAを立ち上げました。21歳の時、南インドにあるアウトカースト(最下層カーストの更に下、不可触民と言われる最も差別される人びと）の村で鉱山労働者の人たちと一緒に過ごし、そのあまりにも酷い状況を見て疑問を覚えました。世界では約1,300万人から2,000万人の小規模鉱山労働者が経済的に弱い立場に置かれていると推測されており、15歳以下の子どもの児童労働も100万人にのぼると言われています。また金の採掘では、水銀使用による近隣住民の健康被害が国連等の調査により報告されています。

ジュエリーは、結婚指輪・婚約指輪をはじめとして、沢山の想いがこもる特別なプロダクトです。この裏に、苦しんでいる人や子どもの姿があるのはおかしい。悲劇を生み出すのではなく笑顔を生み出すジュエリーがつくりたいと思い、27歳でHASUNAを立ち上げました。

ー HASUNAのものづくり、そしてビジネスについて教えてください。

世界中の国々から、金、ダイヤモンド、ルビー、サファイアなどの宝石、真珠など様々な素材を仕入れてジュエリーをつくっています。途上国との関係としては、パキスタン、ベリーズ、ミクロネシアなど、7カ国の鉱山関係者、石や貝殻の研磨職人、真珠の養殖専門家などとパートナーシップを組み、フェアトレードで独自に仕入れを行っています。また、当社は、「エシカルフレームワーク」というジュエリー作りに携わる行動規範を定めています。商流のトレーサビリティーを確保し、問題を改善するために、人・社会・自然環境分野の専門家にアドバイスをいただいています。

そして、ビジネスとして成り立たせるために大切なのは、素材調達、ジュエリーづくり、店舗作りなどすべてのフェーズにおいて妥協しないこと。出せる力をすべてのタイミングにおいて尽くすことが、重要だと思っています。デザイン性、クオリティーも追求し、お情けで買っていただくのではなく、一流のジュエラーとして、一流のジュエリーづくりを目指しています。

ー現在取り組んでいるプロジェクトについて、教えてください。

現地パートナーと共に、パキスタンの鉱山労働者の労働環境改善に向けた調査や、貧困層の女性たちに宝石研磨の技術指導をおこなうプロジェクトなどを行っています。ある調査では、パキスタンで採れる宝石の約90%が、買い叩かれて近隣諸国に密輸されていることが判明しました。それにより、鉱山労働者は本来得られるべき報酬が得られていません。また、女性が仕事に就くこと自体が難しいイスラム地域で、女性に宝石研磨の仕事を創出するプロジェクトに関わり、ともにジュエリー作りを行っています。

www.hasuna.co.jp

ミクロネシア・ポナペ島の真珠養殖場

Koji Tanemoto

2007年より「TATAMI X People Tree」コラボレーション・サンダルを発表。シードコーポレーション常務 種本浩二

ーピープル・ツリーとのコラボレーションを企画したきっかけは？

2005年にフェアトレードのしくみを知り感銘を受けました。心地よい靴を集めて販売している弊社も、その活動に参加したいという願いから声を掛けさせていただきました。ピープル・ツリーの皆さんが温かく迎えてくれ、2007年にバングラデシュの生産者が刺繍した生地をアッパーに使った、初のコラボレーションが実現しました。

ーコラボレーションを通じた、社内や自身の変化は？

商品が店頭に並んだときの感動は今でも鮮明に記憶しています。その感動をお客様に届け続けたいと思うようになりました。また、企業活動と社会問題との関わりについて考えることは会社にも大きな意義がありました。コラボレーションを継続することにより、社員の意識に変化が現れはじめ、参加意識も高まっています。

ー2012年4月にバングラデシュのフェアトレード生産者団体を訪問されました。

生産者とつながったことを肌で実感できたことに、心から感動しました。同じ目的に向かい、よりよい仕事をつくり、よりよい暮らしのために毎日を一生懸命に過ごす生産者の皆さんの姿は、我々が日々忘れがちなとても大切なものを教えてくれました。

ー靴業界が抱える問題点は？

靴業界ではいまなお大量生産・大量消費が主流で、残念ながらフェアトレードがまだまだ浸透していないのが実情です。それ故に我々が靴屋としてできる役割は無限にあります。靴の機能、デザイン、生産の背景、つくり手、そして自然環境についてお客様はもちろん靴業界全体にも興味をもってもらい、フェアトレードをより広く知っていただくための活動を地道に継続したいと思います。

ーTATAMIのものづくりとフェアトレードの共通点は？

TATAMIの原点は、「自然環境に配慮したものづくり」と「人の健康と幸せのためのものづくり」にあります。それらの点はまさにフェアトレードと共通しています。フェアトレードは生産者の生活向上支援、TATAMIはお客様の健康と、それぞれが第一に掲げている役割は異なりますが、両者が協力してひとつの商品をつくる時には、つくり手、使い手双方によろこんでもらえる商品作りができることに喜びを感じます。

ー環境に対する取り組みを教えてください。

環境に配慮した素材を使った商品を扱い、社内の修理工房で可能な限り修理をし1足の靴を永く使用することを小売店・消費者の皆さんに促しています。また、今年で6年目を迎える地元・静岡の企業・市民と合同で毎年行っている富士山の清掃活動には、毎年100名程度が参加しています。

www.tatamijpn.jp

―設立のきっかけについて教えてください。

以前から、ネパールの学校へ行けない子どもたちのために学校を建設する活動をしていました。しかし学校ができても、家事や農業を手伝うために就学できない子どもや、すぐにやめてしまう子どもが多いという問題に突き当たり、子どもの教育は親の経済力と関係していることがわかりました。援助では根本的な解決にはならないと思い、ネパールに仕事の場をつくり出し、経済的な自立を促すことを目指して、1992年にフェアトレード団体「ネパリ・バザーロ」を設立しました。

―「verda」というブランド名で展開している、ネパリ・バザーロの服づくりについて

ネパリ・バザーロの服をつくっているのは、ネパールの首都カトマンズやその周辺に住み、経済的に厳しい状況にある女性たち。自然素材の服も農産物の一つととらえ、人口の８割近くが農業に従事する農業国ネパールに適した開発に取り組み、貧困に苦しむ人々の生活向上を目指しています。財形貯蓄プログラムなど、ワーカーの福祉向上にも取り組んでいます。

設立当初から、服を中心にした品揃えを、と考えていました。ネパールでロクタという植物からつくられる手漉き紙を細く裁断して縒り、糸にして布を織る「紙布」のほか、柿渋など自然染料を積極的に使い、立体裁断のオリジナルパターンで美しいシルエットで着心地のよい服をつくっています。主に40代以上の、自然や物を大切にし、生き方にこだわりのある女性たちに支持されています。

―フェアトレードをビジネスとして成り立たせるために、どんな工夫をしていますか？

ビジネスを適正規模に維持するほか、製品の背景の伝わる情報誌兼カタログを製作、過剰在庫を持たないように製造数を厳しく管理することなどに力を入れています。また、製品に愛着をもち、最後の一枚まで売り切ることも大切にしています。

大事にしている言葉は、「生産者は北極星」。判断に困った時、事業計画をたてる時など常に中心に据えて考えるのは生産者のこと、生産者の将来です。

Haruyo Tsuchiya

ブランド「verda」を展開する
フェアトレード団体ネパリ・バザーロ
代表 土屋春代

―ファッション業界で、もっとも早急に変えなくてはいけない課題は？

大量生産方式。大量廃棄につながるこのようなビジネスは自然を破壊し、服だけでなく、人間をも使い捨てにするような社会を生み、誰も幸福になりません。自然素材で丁寧につくられた服を着ることは、人間性の回復、誰もが安心して暮らせる社会の形成につながると思います。

www.verda.bz

Takayuki Tsujii

**徹底した環境保護への意識を誇るアウトドアウエアメーカー、パタゴニア。
12年前にパートタイムの販売員として入社し、
2009年に日本支社長に抜擢された辻井隆行に聞く。**

―エシカルな生産への取り組みを具体的に教えてください。

アメリカの本社にSER(Social and Environmental Responsibility：社会的・環境的責任) という部署があり、世界中の生産工場の労働・環境基準の評価を行っています。生産と素材については「環境への悪影響を最小限におさえる」というポリシーがあります。最高の品質を保つことが第一。そして同じ機能のものがつくれるのであれば、できるだけ環境負荷が低い手段や素材を選択するというもので、一般の企業だと生産コストが優先される部分です。原材料として多いナイロン、ポリエステルに関しては、100%リサイクル繊維の使用を目標にしています。お客様から回収した使用済み製品を分子レベルまで化学的に分解し、新品と同じ品質の素材に再生する技術が開発され、コットン製品も含めると現在は製品の約90%が何らかの方法でリサイクルできるようになっています。パタゴニアのタグが付いたものが地中に埋められるのを防ぐためにできることは全てトライするという方針で、お客様に必要な製品だけを購入することや、修理、リユースを奨励し、最終的には全製品を回収して、あらゆる繊維をリサイクルできるようにしたいと考えています。

また、商品の約20%以上を占めるコットン製品にはすべてオーガニックコットンを使用しています。ウール製品もオーガニックウールへの移行を進めており、2012年秋冬シーズンからは原料の羊の個体まで特定できるようになる予定です。

―環境活動にこだわる原点は？

1990年にアメリカ経済が不況となりビジネスが厳しくなったときに、パタゴニア本社では600名いた社員のうち120名を解雇するという事態に陥りました。その時に、なぜ自分たちはビジネスをしているのか、その意味をもう一度見直すために創設者と当時の経営幹部がとことん議論したそうです。その時に出した答えが「徹底的に環境にこだわる」というものでした。それをきっかけに1991年にライフサイクル・アセスメント(LCA：製品やサービスに対する環境影響評価) を取り入れました。

―辻井さん自身がパタゴニアで働き始めたきっかけは？

パタゴニアのスタッフから履歴書を出してみるように勧められたのがきっかけです。スタッフがみんな生き生きと働き、何事にも真剣に取り組んでいる姿を見て、こんな人たちと一緒に働いてみたいと、そんな理由で入りました。1999年のことです。最初は東京・渋谷キャットストリートの店舗で販売員をしていました。以前はシーカヤックの販売やレッスン、ガイドなどを行う店で働いていて、パタゴニア製品も取り扱っていました。ところがその店が閉店してしまい、その後2年ほどカナダのバンクーバー島でシーカヤックのガイドをしていました。30歳を過ぎてきちんと働ける仕事を探していたところ、かつての窓口だったスタッフが声をかけてくれたんです。

ーパートタイムスタッフから日本支社長になった経緯は？

入社当時は環境問題と会社が結びついておらず、創設者イヴォン・シュイナードの経営哲学もよく知らなかったんですよ。入店して3ヶ月後スキー場での仕事に戻るために一度休み、春に復帰したときに正社員として鎌倉店のスタッフになりました。その後、新事業立ち上げの担当になりマーケティングに移動になりました。「プロセールスプログラム」という、生業としてアウトドアや環境活動に専門家として携わっている人たちに割引で製品を販売する事業です。僕が担当した店のイベントを見ていた当時の支社長からの直接の打診でした。それから、今度はパタゴニアがカヤックのアイテムを扱う事になり、新ブランドのマネージャーとしてセールスに関わりました。カヤックは専門でしたし、顧客になるプレイヤーはみんな仲間。小さなビジネスでしたが、1人で売り上げ計画を立てて、セールスも担当していました。その後ホールセール(卸売)マネージャーを経て、2009年から日本支社長になりました。環境問題はとても大きな課題ですが、その主な原因が経済活動なのであれば、そのルールと常識を変えることが、この役割をこのタイミングで受けた僕の使命だろうと思って取り組んでいます。

ー社内外でいろいろな経験を積みながら環境問題も勉強されたのですね。

そうですね。入社直後にスキーの仕事をするために休んだ後に正社員になったと言いましたが、その後にも2003年にはグリーンランドでシーカヤックと氷河スキーというエクスペディション(遠征) をするために2ヶ月近い休みをもらった後、セールスマネージャーへ昇進したんですよ。さらに、2007年には1ヶ月半、今度はパタゴニアに行ったんです。そこでシーカヤックと登山をして帰国したら日本支社長をやらないかと言われました。僕たちはアウトドアの洋服をつくっているので、現場で感じた製品のフィードバックはもちろん、例えば氷河が溶けている様子とか、先住民の文化、社名にもなっているパタゴニアで風や波の音を聞いて、なぜ創設者がそれを社名にしたのかということを自分なりに肌で感じたりしました。帰ってからいろいろなところで経験を話しますし、ビジネス戦略を考えるベースにもなる。だから僕も若いスタッフがどこかへ行きたいというときは、ノーと言った事はないです。

ーご自身の性格のどのような部分が今のポジションにつながったと考えますか？

その時その時の好きな事に夢中になったことが大きいかと思います。大学卒業後、実業団のサッカーチームに所属して1日の半分仕事、半分サッカーという生活を3年間送っていました。そこを退職したとき、何をしたらいいのか分からなくなってしまったんです。考えた末、大学院に進んで「環境問題と日本人の自然観」を研究テーマに2年間勉強しました。そこで、もともとは狩猟採集民であった日本人の原点に行き着き、日本だけでなく世界中の先住民文化に興味を持つようになったんです。その頃たまたま出会ったのが、そもそもは北方狩猟民の道具として誕生したシーカヤックでした。環境問題の勉強やシーカヤックは、パタゴニアに入るためではなく、自分で興味を持って一生懸命やっていた結果、後の仕事に繋がったんです。自分の本当の声、本当にやりたいことは、あまり先の事を考え過ぎずにやったほうがいいというのが持論です。やりたい事を我慢した延長として支社長になったとしても、今の仕事を楽しむことは出来なかったと思います。

www.patagonia.com/japan

MIKI ALCALDE

Safia Minney

People Tree創設者／代表
サフィア・ミニー

ー「ピープル・ツリー」スタートのきっかけは？

1991年に日本で、数人の友人と「グローバル・ヴィレッジ」という小さなNGOを立ち上げたのが始まりです。当時、フェアトレードの紅茶やコーヒーはあっても、フェアトレードの洋服は少なかったため、自分たちでつくることにしたのです。そこからピープル・ツリーがスタートし、今では日本で最も注目を浴びるフェアトレード・ブランドに成長しました。2001年にはイギリスに姉妹会社を設立し、現在私たちの商品は、日本では300店舗以上の小売店をはじめ髙島屋やフレームワーク、ヨーロッパではASOS、zalando、Amazonのほか150店舗以上の小売店で販売されています。

ーピープル・ツリーの、人と地球のための取り組みは？

現在、世界10カ国の150の生産者グループとのものづくりをとおして、立場の弱い人びとやコミュニティを支援し、5,000人以上の農民や職人の生活基盤を支えています。コットン栽培から織り、染色、刺繍、縫製まで、すべての生産過程でかかわる人たちの生活をよくし、少しでも多くの生産者に収入の機会をつくることが私たちの使命です。また、業界のパイオニアとして、環境への負担を最小限に抑えた生産方法を推進してきました。ピープル・ツリーの服の多くは、フェアトレードのオーガニックコットンを使用し、すべてのアイテムは安全な染料を使っています。

ーいちばん大変なこと、そして誇りに思うことは？

いちばん苦労するのは、動きの早いファッション業界で、ファスト・ファッションと同等に競争しなければならないこと。生産や輸送に時間がかかるため、納品の8ヶ月前には生産者に発注しなければならず、その時点で生産者に50%の前払いをするので資金繰りも常に大変です。
転機となったのは、『ヴォーグ ジャパン』の誌面企画として実現した、一流デザイナーたちとのコラボレーション。そこからボラ・アクス、オーラ・カイリー、そしてヴィヴィアン・ウエストウッドなど、そうそうたる顔ぶれのクリエイターたちとの仕事へと広がったのです。女優のエマ・ワトソンと一緒に若者向けのラインを立ち上げたのも、本当にすばらしい経験でした。2010年に、WGSNのグローバル・ファッション・アワードで「最優秀サステナブル・ブランド&リテーラー賞」を受賞でき、とても光栄です。
さまざまな紆余曲折がありましたが、今も私たちの根幹にありつづけるのは、人と地球を思う情熱です！

www.peopletree.co.jp
www.globalvillage.or.jp
www.peopletree.co.uk

MIKI ALCALDE

掲載ブランド、個人名、用語一覧（五十音順）
（エシカル・ファッション ブランドリストは P.161-162 をご覧ください。）

索引